"十四五"职业教育国家规划教材

高职高专机电类专业系列教材

三维建模与加工

主　编　　成图雅　姜明磊

副主编　　蔚　刚　雷　彪　雷晓燕　王晓奇

参　编　　赵　磊　梁振威

主　审　　刘敏丽

机械工业出版社

本书是根据高职高专数控技术专业的培养目标，同时兼顾其他专业的培养方案，按项目化课程改革要求编写而成的理论实践一体化的教学用书。本书采用项目化教学模式，比较符合高职高专的教学特点以及高职高专学生的认知特点。

本书内容包括车削类零件 CAM 建模与加工、铣削类零件 CAM 建模与加工以及车、铣复合零件 CAM 建模与加工三个模块，选取了 11 个典型任务，每个任务以加工任务单导入，明确任务后展开具体实施过程的讲解，内容包含图样工艺分析、软件建模及加工参数设置（或软件建模与轨迹生成）、生成 G 代码、零件加工几部分，软件采用 CAXA 数控车、CAXA 制造工程师软件。在任务实施过程中还原真实加工过程，全方位指导操作流程，加入视频、图片、动画、微课等动态资源，更加直观地指导学生进行学习。本书内容浅显易懂，编写新颖，实用性、创新性强，贴近生产实际，突出表现了数控加工的职业教育特色。

本书可作为高职高专院校数控技术专业及相关专业的教材，也可供数控加工行业从业人员参考。

为方便教学，本书免费提供电子版动态资源，凡选用本书作为教材的学校，均可索取。咨询电话：010-88379375；教材服务 QQ 群：635197075。

课程介绍

图书在版编目（CIP）数据

三维建模与加工/成图雅，姜明磊主编 . —北京：机械工业出版社，2019.5（2024.2 重印）

高职高专机电类专业系列教材

ISBN 978-7-111-62733-3

Ⅰ . ①三… Ⅱ . ①成… ②姜… Ⅲ . ①数控机床-加工-计算机辅助设计-应用软件-高等职业教育-教材 Ⅳ . ①TG659.022

中国版本图书馆 CIP 数据核字（2019）第 091582 号

机械工业出版社（北京市百万庄大街 22 号 邮政编码 100037）
策划编辑：高亚云 责任编辑：高亚云 王宗锋
责任校对：潘 蕊 封面设计：鞠 杨
责任印制：常天培
固安县铭成印刷有限公司印刷
2024 年 2 月第 1 版第 4 次印刷
184mm×260mm · 11.75 印张 · 284 千字
标准书号：ISBN 978-7-111-62733-3
定价：32.00 元

电话服务 网络服务
客服电话：010-88361066 机 工 官 网：www.cmpbook.com
　　　　　010-88379833 机 工 官 博：weibo.com/cmp1952
　　　　　010-68326294 金 书 网：www.golden-book.com
封底无防伪标均为盗版 机工教育服务网：www.cmpedu.com

关于"十四五"职业教育
国家规划教材的出版说明

为贯彻落实《中共中央关于认真学习宣传贯彻党的二十大精神的决定》《习近平新时代中国特色社会主义思想进课程教材指南》《职业院校教材管理办法》等文件精神，机械工业出版社与教材编写团队一道，认真执行思政内容进教材、进课堂、进头脑要求，尊重教育规律，遵循学科特点，对教材内容进行了更新，着力落实以下要求：

1. 提升教材铸魂育人功能，培育、践行社会主义核心价值观，教育引导学生树立共产主义远大理想和中国特色社会主义共同理想，坚定"四个自信"，厚植爱国主义情怀，把爱国情、强国志、报国行自觉融入建设社会主义现代化强国、实现中华民族伟大复兴的奋斗之中。同时，弘扬中华优秀传统文化，深入开展宪法法治教育。

2. 注重科学思维方法训练和科学伦理教育，培养学生探索未知、追求真理、勇攀科学高峰的责任感和使命感；强化学生工程伦理教育，培养学生精益求精的大国工匠精神，激发学生科技报国的家国情怀和使命担当。加快构建中国特色哲学社会科学学科体系、学术体系、话语体系。帮助学生了解相关专业和行业领域的国家战略、法律法规和相关政策，引导学生深入社会实践、关注现实问题，培育学生经世济民、诚信服务、德法兼修的职业素养。

3. 教育引导学生深刻理解并自觉实践各行业的职业精神、职业规范，增强职业责任感，培养遵纪守法、爱岗敬业、无私奉献、诚实守信、公道办事、开拓创新的职业品格和行为习惯。

在此基础上，及时更新教材知识内容，体现产业发展的新技术、新工艺、新规范、新标准。加强教材数字化建设，丰富配套资源，形成可听、可视、可练、可互动的融媒体教材。

教材建设需要各方的共同努力，也欢迎相关教材使用院校的师生及时反馈意见和建议，我们将认真组织力量进行研究，在后续重印及再版时吸纳改进，不断推动高质量教材出版。

机械工业出版社

前　言

先进制造技术的发展和不断成熟，对数控技术提出了更高要求。目前我国已广泛开始使用先进的数控技术，但掌握数控技术的复合型人才较为缺乏。由于操作复杂、技能性强，要求具备一定的专业知识和技能以及工艺经历，可以说此方面的高技能人才培养迫在眉睫。

在编写本书时，我们始终秉承"以学生为出发点，以职业标准为依据，以职业能力为核心"的理念，从职业能力培养、职业素养提升的角度出发，力求体现职业培养的规律，满足职业技能培训与鉴定考核的需要。本着"必须、够用"的原则，编写时精选了教材内容，降低了理论深度，编写过程中按照"行动导向，理实一体"的教学理念重组教材结构，以学生的职业能力为主线，安排设计了 11 个教学任务，每个任务都是一个独立的个体，可单独拿出来作为一个任务的指导书，指导学生完成加工全过程。从整体上看，11 个任务又相互铺垫，相互联系，11 个任务所涉及的知识点几乎包含了数控加工的所有知识内容，构成从数控车到数控铣到车铣复合一套完整的数控加工知识体系。另外，教材加入微课视频等动态资源，更加直观地指导学生操作，突出体现了职业教育的实践性以及数控行业的动手属性。

全书采用模块任务式的编写方式，共分为三大模块、11 个任务。模块一包含 5 个任务：阶梯轴建模与加工实例、槽类零件建模与加工实例、螺纹类零件建模与加工实例、内轮廓零件建模与加工实例及车削类零件综合建模与加工实例。模块二包含 5 个任务：多轮廓分层零件建模与加工实例、斜坡凹模零件建模与加工实例、普通曲面零件建模与加工实例、异型曲面零件建模与加工实例及铣削类零件综合建模与加工实例。模块三包含 1 个任务：车、铣复合零件建模与加工实例。

模块一任务一、二由雷晓燕、姜明磊编写，任务三、四由王晓奇编写，任务五由成图雅编写；模块二任务一由成图雅编写，任务二、三由蔚刚编写，任务四由姜明磊编写，任务五由雷彪编写；模块三任务由雷彪编写；赵磊、梁振威负责全书图片处理。全书由成图雅、姜明磊担任主编并统稿，刘敏丽审稿。

本书编写过程中，得到了有关领导和同仁的大力协助，在此表示感谢。由于编者水平有限，书中难免有错误和不妥之处，敬请读者批评指正。

编　者

目　录

1 模块一

车削类零件CAM建模与加工

本模块主要讲解基于 CAXA 制造工程师软件的车削类零件加工编程，注重软件知识点与数控操作实践的紧密结合，内容上着重围绕典型车削类零件的数控加工工艺分析、软件编程与数控机床加工的真实情境与过程，选取五个典型实例，包含外轮廓、倒角、槽等特征，基本涵盖普通车削类零件的所有特点，较为详细地讲解了从编程到加工的全过程。

任务一 阶梯轴建模与加工实例

任务导引：

CAXA 数控车主要用于回转性零件的外轮廓、内轮廓和端面加工，使用时应先在 CAXA 数控车软件中画出零件的轮廓图，然后设置相关参数生成刀具轨迹，从而生成加工代码（也就是 G 代码），软件同时还具有仿真功能，通过轨迹仿真来观察所生成的刀具轨迹是否符合加工要求。通过本任务的学习，使学生了解轴类零件外圆、倒角、槽加工时的参数设置方法、刀具轨迹生成方法，并能根据下发任务单要求独立完成零件的自动编程与加工任务。

阶梯轴加工任务单见表 1-1-1。

表 1-1-1 阶梯轴加工任务单

学习工作任务书				编号：01	
课程名称	三维建模与加工		建议学时	6	
任务名称	阶梯轴建模与加工实例		工作日期		
班 级		姓名	学号		组别
一、任务描述			二、工作目的		
根据给出的轴类零件图样，安排合理加工工艺路线，完成工艺卡片的填写，应用 CAXA 数控车软件进行零件的建模与 G 代码的生成，最后在数控机床上完成零件的实体加工			1）能够正确解读零件图 2）能够根据零件图分析出正确加工工艺路线 3）熟练掌握轴类零件外圆、槽、倒角特征的建模方法 4）熟练掌握轴类零件外圆、槽、倒角特征的加工参数设置 5）熟练掌握数控车床的操作要领		

（续）

学习工作任务书	编号：01

三、学习任务	
1）图样分析：通过阅读图样分析零件具备的几何特征	
① 外圆特征	② 倒角特征
③ 槽特征	
2）工艺分析：依照图样，通过分析，拟定加工工艺路线	
① 车削右侧端面	② 粗车倒角 $C1$、外圆 $\phi20\text{mm}$、圆角 $R2\text{mm} \times 2$、外圆 $\phi28\text{mm}$ 至 54mm 处，留余量 0.5mm
③ 精车倒角 $C1$、外圆 $\phi20\text{mm}$、圆角 $R2\text{mm} \times 2$、外圆 $\phi28\text{mm}$ 至 54mm 处	④ 切削外圆 4mm 宽槽
⑤ 切断	⑥ 掉头装夹
⑦ 粗精车工件左侧端面	
3）加工过程中需要用到的刀具	
① 外圆粗车刀	② 外圆精车刀
③ 切槽刀	
4）加工过程中主要参数设置	
① 粗车外轮廓主轴转速＿＿＿＿＿	② 粗车外轮廓切削行距＿＿，径向余量＿＿、轴向余量＿＿
③ 粗车外轮廓进给量＿＿＿＿＿	④ 精车外轮廓主轴转速＿＿
⑤ 精车外轮廓切削行距＿＿，径向余量＿＿、轴向余量＿＿	⑥ 精车外轮廓进给量＿＿

5）在计算机上完成图样中给定零件的自动编程，生成 G 代码
6）在数控车床上完成零件的实体加工

任务实施：

具体任务实施分为四步：图样工艺分析、软件建模及加工参数设置、生成 G 代码、零件加工。

一、图样工艺分析

加工零件图如图 1-1-1a 所示，实体造型图如图 1-1-1b 所示。

1. 工艺准备

1）给定毛坯：$\phi30\text{mm} \times 64\text{mm}$ 45 钢。
2）夹持毛坯，预留长度 56mm，找正加紧。

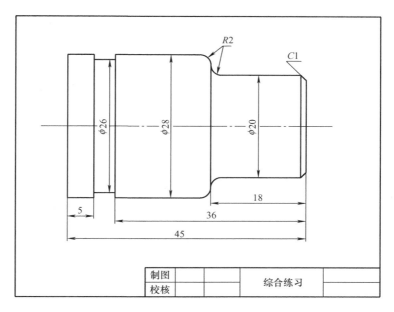

数控车削
加工简介

a) 加工零件图

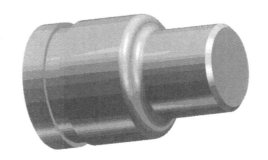

b) 加工零件实体造型图

图 1-1-1　加工零件

2. 工艺分析

1）车工件右端面。自定心卡盘夹持毛坯左端，预留长度 56mm，粗精车工件右端面。

2）车外圆。粗车倒角 C1、外圆 φ20mm、圆角 R2mm×2、外圆 φ28mm 至 54mm 处，留余量 0.5mm；精车右端面、倒角 C1、外圆 φ20mm、圆角 R2mm×2、外圆 φ28mm 至 54mm 处。

3）切槽。车削工件左端 4mm 宽槽。

4）切断。切断工件，保证工件总长度≥46mm。

5）车工件左端面。自定心卡盘装夹已加工表面 φ20mm 外圆处，找正夹紧。粗、精车工件左端面。保证总长度 45mm，检验。

加工工艺卡见表 1-1-2。

数控车刀简介

表 1-1-2 加工工艺卡

工 艺 过 程 卡 片				零件名称	轴	零件编号	01	共1页	第1页
材料牌号	45	毛坯种类	钢	毛坯尺寸	φ30mm×64mm	设备名称	数控车床	设备型号	
工序号	工序名称	工 序 内 容		刀具	加 工 参 数			工时/min
					主轴转速/(r/min)	进给量/(mm/min)	背吃刀量/mm	
1	备料	毛坯：φ30mm×64mm 45钢						5
2	车工件右端面	车削右侧端面，保证总长55mm		外圆粗车刀	800	40	1	2
3	粗车外圆	粗车倒角C1、外圆φ20mm、圆角R2mm×2、外圆φ28mm至54mm处，留余量0.5mm		外圆粗车刀	1000	200	2	15
4	精车外圆	精车倒角C1、外圆φ20mm、圆角R2mm×2、外圆φ28mm至54mm处		外圆精车刀	1500	80	0.2	5
5	切槽	切工件左侧4mm宽槽		切槽刀	800	40		3
6	切断	切断保证总长≥46mm		切槽刀	800	40		3
7	车工件左端面	粗精车左端面，保证总长45mm		外圆车刀	800	40	1	2
编制		日期		校核		日期		审核	日期

二、软件建模及加工参数设置

依照加工工艺按步骤逐一加工，本例主要介绍利用 CAXA 数控车软件生成加工程序并导入数控机床进行加工的方法和步骤。

阶梯轴加工建模视频

1. 绘制零件图

（1）启动系统，运行 CAXA 数控车软件

进入绘图界面，按"F7"键将绘图平面切换成 XOZ 面，如图 1-1-2 所示。

（2）绘制零件主要轮廓

1）直线的画法。选择菜单命令"绘图"→"直线"或单击"绘图工具"工具栏中的"直线"按钮，启动直线绘图命令，弹出立即菜单（如图 1-1-3a 所示）。根据零件图图示尺寸，修改参数（如图 1-1-3b 所示）。

注：系统提示拾取第一点，在绘图区拾取坐标原点；系统提示拾取第二点，在直线的长度方向拾取第二点；单击鼠标右键完成当前命令，这样长度为10mm的垂直线段就绘制完成。该零件的其他直线部分都可以以这种方法绘制，这里不再一一赘述。根据图示尺寸，零件外轮廓直线部分绘制如图 1-1-3c 所示。

2）倒角的生成。单击过渡按钮，启动"过渡"命令，弹出立即菜单，切换各选项

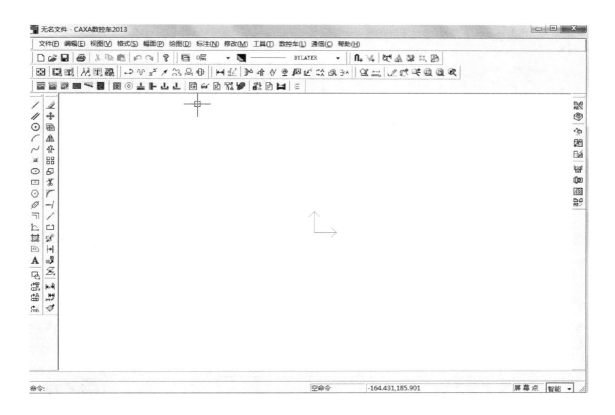

图 1-1-2　CAXA 数控车软件界面

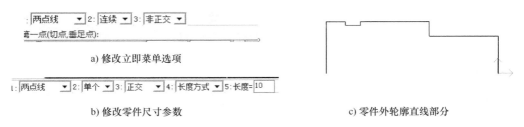

a) 修改立即菜单选项

b) 修改零件尺寸参数

c) 零件外轮廓直线部分

图 1-1-3　直线的画法

并修改倒角值（如图 1-1-4a 所示），根据系统提示，分别拾取需要倒角的两条直线，结果如图 1-1-4b 所示。

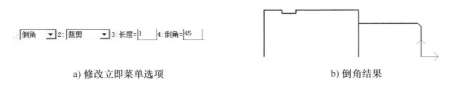

a) 修改立即菜单选项

b) 倒角结果

图 1-1-4　倒角的生成

3）倒圆角。单击过渡按钮 ，启动"过渡"命令，弹出立即菜单，切换各选项并修改半径值（如图 1-1-5a 所示），根据系统提示拾取需要倒圆角的两条直线，结果如图 1-1-5b 所示。通过以上命令完成该零件的外轮廓绘制。

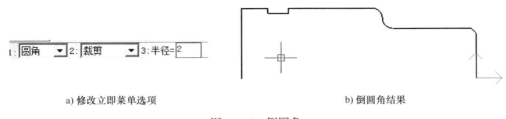

a) 修改立即菜单选项 b) 倒圆角结果

图 1-1-5　倒圆角

2. 绘制零件毛坯轮廓

零件图绘制完成后，还需要绘制出零件的毛坯轮廓才可以加工，根据给定毛坯尺寸绘制毛坯轮廓，如图 1-1-6 所示。

说明：

1）由于车床上的工件都是回转体，所以我们只需要绘出一半图形就可以了。

2）注意图形的线条，不能出现断点、交叉、重叠，否则会导致 CAXA 数控车软件无法生成刀具轨迹。

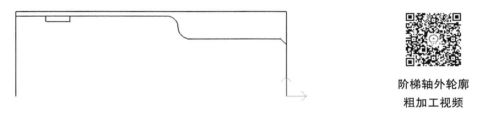

图 1-1-6　零件毛坯轮廓

阶梯轴外轮廓
粗加工视频

3. 轮廓粗车

1）选择菜单命令"数控车"→"轮廓粗车"，弹出"粗车参数表"对话框。利用轮廓粗车加工命令，合理设置各选项卡中的参数，见表 1-1-3 ～表 1-1-6。

表 1-1-3　轮廓粗车加工参数设置

选项卡	参数设置	说　明
加工表面类型	加工表面类型 ⊙外轮廓 ○内轮廓 ○端面　加工方式	1）外轮廓：采用外轮廓车刀加工外轮廓，加工方向角度为 180° 2）内轮廓：采用内轮廓车刀加工内轮廓，加工方向角度为 180° 3）端面：加工方向应垂直于 X 方向，即加工角度为 -90° 或 270°

（续）

选项卡	参数设置	说　明
加工参数	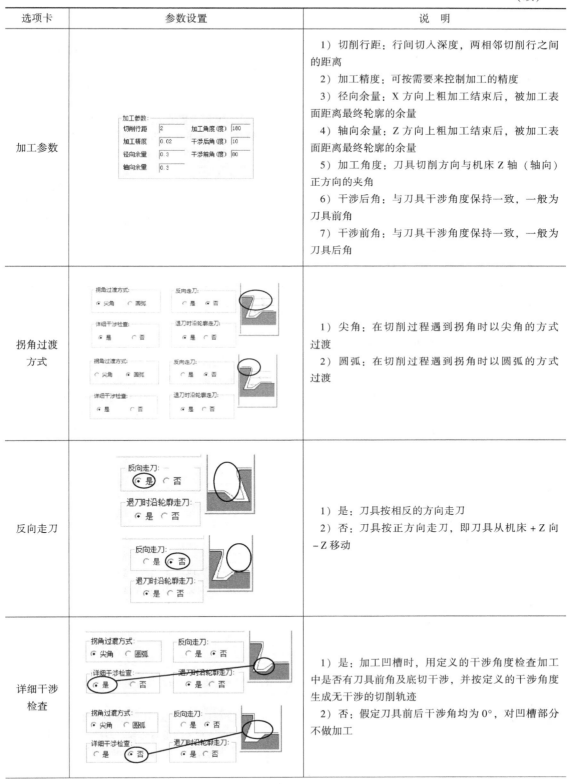	1）切削行距：行间切入深度，两相邻切削行之间的距离 2）加工精度：可按需要来控制加工的精度 3）径向余量：X 方向上粗加工结束后，被加工表面距离最终轮廓的余量 4）轴向余量：Z 方向上粗加工结束后，被加工表面距离最终轮廓的余量 5）加工角度：刀具切削方向与机床 Z 轴（轴向）正方向的夹角 6）干涉后角：与刀具干涉角度保持一致，一般为刀具前角 7）干涉前角：与刀具干涉角度保持一致，一般为刀具后角
拐角过渡 方式		1）尖角：在切削过程遇到拐角时以尖角的方式过渡 2）圆弧：在切削过程遇到拐角时以圆弧的方式过渡
反向走刀		1）是：刀具按相反的方向走刀 2）否：刀具按正方向走刀，即刀具从机床 + Z 向 − Z 移动
详细干涉 检查		1）是：加工凹槽时，用定义的干涉角度检查加工中是否有刀具前角及底切干涉，并按定义的干涉角度生成无干涉的切削轨迹 2）否：假定刀具前后干涉角均为 0°，对凹槽部分不做加工

（续）

选项卡	参数设置	说　明
退刀时沿轮廓走刀	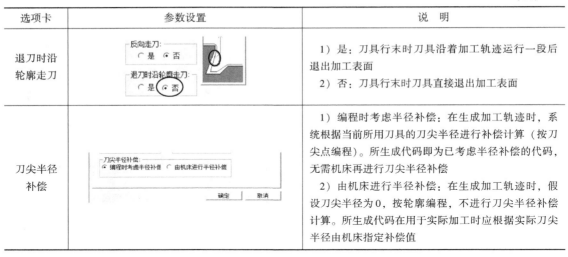	1）是：刀具行末时刀具沿着加工轨迹运行一段后退出加工表面 2）否：刀具行末时刀具直接退出加工表面
刀尖半径补偿	刀尖半径补偿 ● 编程时考虑半径补偿　○ 由机床进行半径补偿 确定　取消	1）编程时考虑半径补偿：在生成加工轨迹时，系统根据当前所用刀具的刀尖半径进行补偿计算（按刀尖点编程）。所生成代码即为已考虑半径补偿的代码，无需机床再进行刀尖半径补偿 2）由机床进行半径补偿：在生成加工轨迹时，假设刀尖半径为0，按轮廓编程，不进行刀尖半径补偿计算。所生成代码在用于实际加工时应根据实际刀尖半径由机床指定补偿值

表1-1-4　轮廓粗车进退刀方式设置

选项卡	参数设置	说　明
粗车进退刀方式	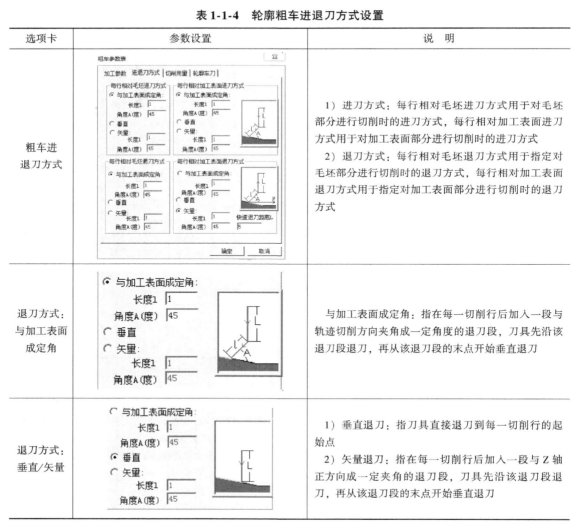	1）进刀方式：每行相对毛坯进刀方式用于对毛坯部分进行切削时的进刀方式，每行相对加工表面进刀方式用于对加工表面部分进行切削时的进刀方式 2）退刀方式：每行相对毛坯退刀方式用于指定对毛坯部分进行切削时的退刀方式，每行相对加工表面退刀方式用于指定对加工表面部分进行切削时的退刀方式
退刀方式：与加工表面成定角		与加工表面成定角：指在每一切削行后加入一段与轨迹切削方向夹角成一定角度的退刀段，刀具先沿该退刀段退刀，再从该退刀段的末点开始垂直退刀
退刀方式：垂直/矢量		1）垂直退刀：指刀具直接退刀到每一切削行的起始点 2）矢量退刀：指在每一切削行后加入一段与Z轴正方向成一定夹角的退刀段，刀具先沿该退刀段退刀，再从该退刀段的末点开始垂直退刀

表 1-1-5　轮廓粗车切削用量设置

选项卡	参数设置	说　明
切削用量	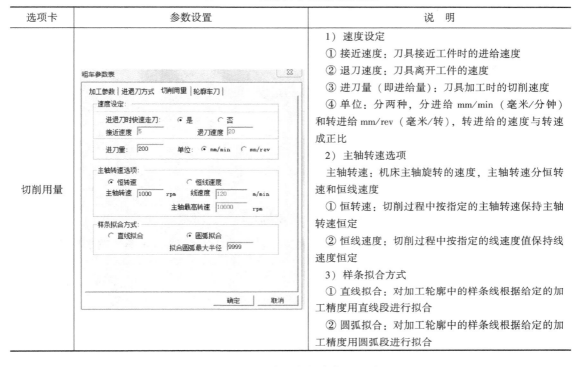	1）速度设定 ① 接近速度：刀具接近工件时的进给速度 ② 退刀速度：刀具离开工件的速度 ③ 进刀量（即进给量）：刀具加工时的切削速度 ④ 单位：分两种，分进给 mm/min（毫米/分钟）和转进给 mm/rev（毫米/转），转进给的速度与转速成正比 2）主轴转速选项 主轴转速：机床主轴旋转的速度，主轴转速分恒转速和恒线速度 ① 恒转速：切削过程中按指定的主轴转速保持主轴转速恒定 ② 恒线速度：切削过程中按指定的线速度值保持线速度恒定 3）样条拟合方式 ① 直线拟合：对加工轮廓中的样条线根据给定的加工精度用直线段进行拟合 ② 圆弧拟合：对加工轮廓中的样条线根据给定的加工精度用圆弧段进行拟合

表 1-1-6　轮廓粗车轮廓车刀设置

选项卡	参数设置	说　明
轮廓车刀	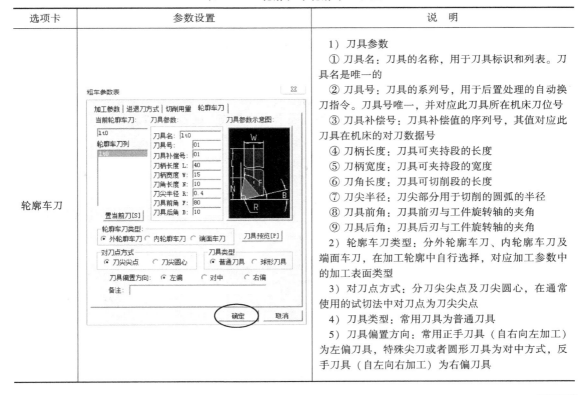	1）刀具参数 ① 刀具名：刀具的名称，用于刀具标识和列表。刀具名是唯一的 ② 刀具号：刀具的系列号，用于后置处理的自动换刀指令。刀具号唯一，并对应此刀具所在机床刀位号 ③ 刀具补偿号：刀具补偿值的序列号，其值对应此刀具在机床的对刀数据号 ④ 刀柄长度：刀具可夹持段的长度 ⑤ 刀柄宽度：刀具可夹持段的宽度 ⑥ 刀角长度：刀具可切削段的长度 ⑦ 刀尖半径：刀尖部分用于切削的圆弧的半径 ⑧ 刀具前角：刀具前刃与工件旋转轴的夹角 ⑨ 刀具后角：刀具后刃与工件旋转轴的夹角 2）轮廓车刀类型：分外轮廓车刀、内轮廓车刀及端面车刀，在加工轮廓中自行选择，对应加工参数中的加工表面类型 3）对刀点方式：分刀尖尖点及刀尖圆心，在通常使用的试切法中对刀点为刀尖尖点 4）刀具类型：常用刀具为普通刀具 5）刀具偏置方向：常用正手刀具（自右向左加工）为左偏刀具，特殊尖刀或者圆形刀具为对中方式，反手刀具（自左向右加工）为右偏刀具

2）拾取被加工工件表面轮廓和毛坯轮廓。被加工工件表面轮廓如图 1-1-7 所示，注意操作时将链拾取方式改为单个拾取，另拾取工件表面时要按照加工的方向拾取。结果如图 1-1-8 所示。

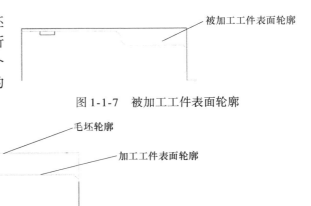

图 1-1-7　被加工工件表面轮廓

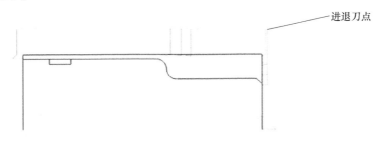

图 1-1-8　毛坯轮廓和被加工工件表面轮廓

3）拾取进退刀点。注意进退刀点要稍远离工件，单击右键选择完毕。轮廓粗车刀具轨迹如图 1-1-9 所示。

图 1-1-9　轮廓粗车刀具轨迹

4. 轮廓精车

1）选择菜单命令"数控车"→"轮廓精车"，弹出"精车参数表"对话框，如图 1-1-10 所示。利用轮廓精车加工命令，合理设置各选项卡中的参数，见表 1-1-7。

阶梯轴外轮廓
精加工视频

图 1-1-10　精车参数表

表 1-1-7　轮廓精车参数设置

选项卡	参数设置	说　明
加工参数	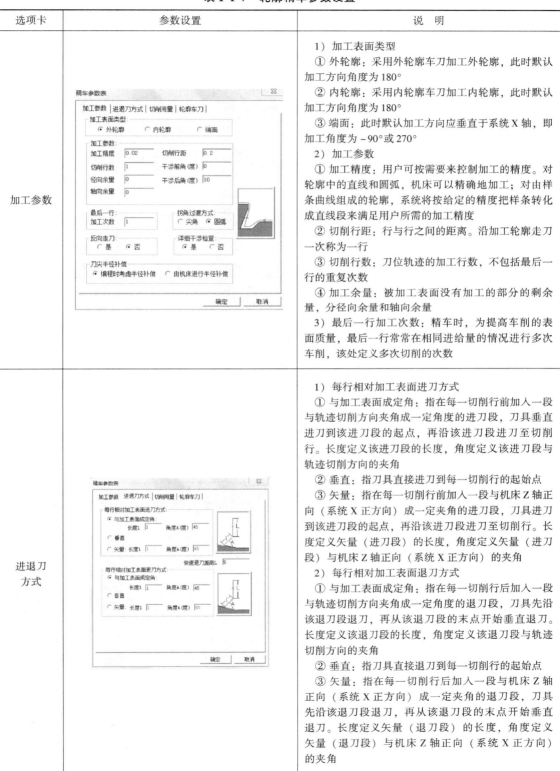	1）加工表面类型 ① 外轮廓：采用外轮廓车刀加工外轮廓，此时默认加工方向角度为 180° ② 内轮廓：采用内轮廓车刀加工内轮廓，此时默认加工方向角度为 180° ③ 端面：此时默认加工方向应垂直于系统 X 轴，即加工角度为 −90°或 270° 2）加工参数 ① 加工精度：用户可按需要来控制加工的精度。对轮廓中的直线和圆弧，机床可以精确地加工；对由样条曲线组成的轮廓，系统将按给定的精度把样条转化成直线段来满足用户所需的加工精度 ② 切削行距：行与行之间的距离。沿加工轮廓走刀一次称为一行 ③ 切削行数：刀位轨迹的加工行数，不包括最后一行的重复次数 ④ 加工余量：被加工表面没有加工的部分的剩余量，分径向余量和轴向余量 3）最后一行加工次数：精车时，为提高车削的表面质量，最后一行常常在相同进给量的情况进行多次车削，该处定义多次切削的次数
进退刀方式		1）每行相对加工表面进刀方式 ① 与加工表面成定角：指在每一切削行前加入一段与轨迹切削方向夹角成一定角度的进刀段，刀具垂直进刀到该进刀段的起点，再沿该进刀段进刀至切削行。长度定义该进刀段的长度，角度定义该进刀段与轨迹切削方向的夹角 ② 垂直：指刀具直接进刀到每一切削行的起始点 ③ 矢量：指在每一切削行前加入一段与机床 Z 轴正向（系统 X 正方向）成一定夹角的进刀段，刀具进刀到该进刀段的起点，再沿该进刀段进刀至切削行。长度定义矢量（进刀段）的长度，角度定义矢量（进刀段）与机床 Z 轴正向（系统 X 正方向）的夹角 2）每行相对加工表面退刀方式 ① 与加工表面成定角：指在每一切削行后加入一段与轨迹切削方向夹角成一定角度的退刀段，刀具先沿该退刀段退刀，再从该退刀段的末点开始垂直退刀。长度定义该退刀段的长度，角度定义该退刀段与轨迹切削方向的夹角 ② 垂直：指刀具直接退刀到每一切削行的起始点 ③ 矢量：指在每一切削行后加入一段与机床 Z 轴正向（系统 X 正方向）成一定夹角的退刀段，刀具先沿该退刀段退刀，再从该退刀段的末点开始垂直退刀。长度定义矢量（退刀段）的长度，角度定义矢量（退刀段）与机床 Z 轴正向（系统 X 正方向）的夹角

（续）

选项卡	参数设置	说　　明
切削用量	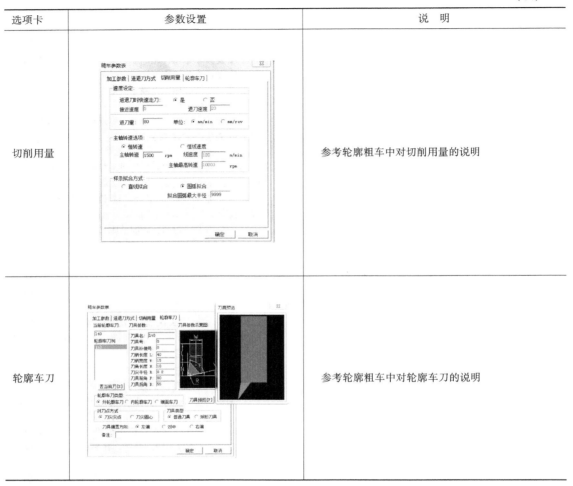	参考轮廓粗车中对切削用量的说明
轮廓车刀		参考轮廓粗车中对轮廓车刀的说明

2）拾取被加工工件表面轮廓。注意拾取工件表面时要按照加工的方向拾取，单击右键结束拾取。轮廓精车刀具轨迹如图 1-1-11 所示。

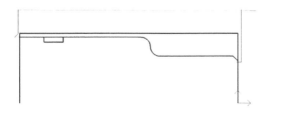

图 1-1-11　轮廓精车刀具轨迹

阶梯轴切槽加工视频

5. 切槽

1）选择菜单命令"数控车"→"切槽"，弹出"切槽参数表"对话框。利用切槽加工命令，合理设置各选项卡中的参数，见表 1-1-8。

表 1-1-8　切槽加工参数设置

选项卡	参数设置	说　明
切槽加工 参数		1）切槽表面类型 ① 外轮廓：外轮廓切槽 ② 内轮廓：内轮廓切槽 ③ 端面：端面切槽 2）加工工艺类型 ① 粗加工：对槽只进行粗加工 ② 精加工：对槽只进行精加工 ③ 粗加工 + 精加工：对槽进行粗加工之后接着做精加工 3）加工方向 ① 纵深：加工方向沿 X 方向 ② 横向：加工时可 Z 向走刀 4）拐角过渡方式 ① 尖角：在切削过程遇到拐角时以尖角的方式过渡 ② 圆弧：在切削过程遇到拐角时以圆弧的方式过渡 5）反向走刀：加工时自左侧开始加工槽，与右偏刀一致 6）刀具只能下切：禁止刀具横向走刀 7）粗加工时修轮廓：粗加工槽时最后一步进行轮廓修整 8）粗加工参数： ① 加工余量：粗加工时，被加工表面未加工部分的预留量 ② 延迟时间：粗车槽时，刀具在槽的底部停留的时间 ③ 平移步距：粗车槽时，刀具切到指定的切深平移量后进行下一次切削前的水平平移量（Z 向） ④ 切深步距：粗车槽时，刀具每一次纵向切槽的切入量（X 向） ⑤ 退刀距离：粗车槽中进行下一行切削前退刀到槽外的距离 9）精加工参数： ① 加工余量：精加工时，被加工表面未加工部分的预留量 ② 末行加工次数：精车槽时，为提高加工的表面质量，最后一行在相同进给量的重复加工次数 ③ 切削行数：精加工刀位轨迹的加工行数 ④ 退刀距离：精加工中切削完一行之后，进行下一行切削前退刀的距离 ⑤ 切削行距：精加工行与行之间的距离

（续）

选项卡	参数设置	说　明
切槽加工 参数		10）刀尖半径补偿 ① 编程时考虑半径补偿：在生成加工轨迹时，系统根据当前所用刀具的刀尖半径进行补偿计算（按刀尖点编程）。所生成代码即为已考虑半径补偿的代码，无需机床再进行刀尖半径补偿 ② 由机床进行半径补偿：在生成加工轨迹时，假设刀尖半径为 0，按轮廓编程时不进行刀尖半径补偿计算。所生成代码在用于实际加工时，应根据实际刀尖半径由机床指定补偿值

2）拾取被加工工件槽表面轮廓，拾取进退刀点，如图 1-1-12 所示。

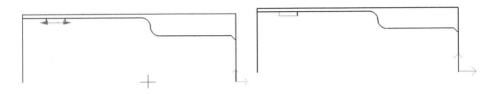

图 1-1-12　被加工工件表面轮廓

① 当拾取第一条轮廓线后，此轮廓线变为红色的虚线。系统提示选择方向，要求用户选择一个方向，选择箭头向下的方向。此方向只表示拾取轮廓线的方向，与刀具加工方向无关。轮廓线方向选择如图 1-1-13 所示。

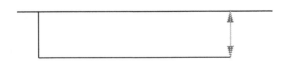

图 1-1-13　轮廓线方向选择

② 选择方向后，如果采用的是链拾取方式，则系统自动拾取首尾连接的轮廓线；如果采用单个拾取方式，则系统提示继续拾取轮廓线。此处采用限制链拾取方式，系统继续提示选取限制线，选取终止线段即凹槽的左边部分，凹槽部分变成红色虚线，如图 1-1-14 所示。

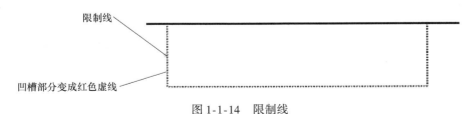

图 1-1-14　限制线

3）确定进退刀点。指定一点为刀具加工前和加工后所在的位置。按鼠标右键可忽略该点的输入。

4）生成刀具轨迹。确定进退刀点之后，系统自动生成刀具轨迹，如图 1-1-15 所示。

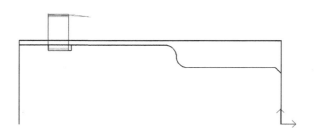

图 1-1-15　切槽刀具轨迹

注意：

1）被加工轮廓不能闭合或自相交。

2）生成轨迹与切槽刀刀角半径、刀刃宽度等参数密切相关。

3）可按实际需要只绘出退刀槽的上半部分。

三、生成 G 代码

1. 机床类型设置

单击按钮▣，可选择一个已存在的机床并进行修改。单击"增加机床"按钮可增加系统没有的机床，单击"删除机床"按钮可删除当前的机床。用户可以根据需要对机床的各种指令地址进行设置，如图 1-1-16 所示。

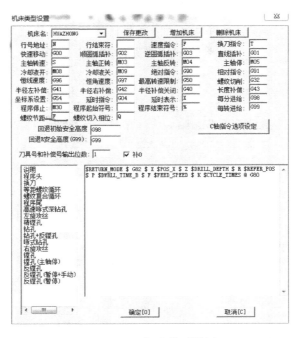

图 1-1-16　机床类型设置

依照机床系统编程修改机床参数，"机床名"选择"HUAZHONG"，"螺纹切削"由G33 改为 G32，"螺纹节距"由 K 改为 F，单击"确定"按钮即可。

2. 后置设置

选择菜单命令"数控车"→"后置设置"，或单击按钮 图，系统弹出"后置处理设置"对话框，如图1-1-17所示。用户可按自己的需要更改已有机床的后置设置。单击"确定"按钮可将用户的更改保存，单击"取消"按钮则放弃已做的更改。

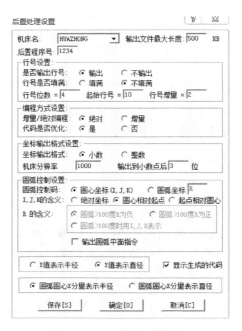

机床设置及
后置设置

图 1-1-17　后置处理设置

图 1-1-18　生成后置代码

3. G 代码生成

选择菜单命令"数控车"→"代码生成"，弹出"生成后置代码"对话框，如图1-1-18所示。

选择相应数控系统，确定后提示拾取刀具轨迹，鼠标左键单击所要生成代码的轨迹（如图 1-1-19a 所示），右键确定即可生成 G 代码，如图 1-1-19b 所示。G 代码生成后保存在指定文件夹内。

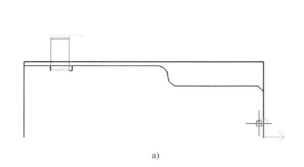
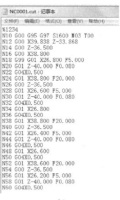

a)　　　　　　　　　　　　　　　　　　　　b)

图 1-1-19　G 代码生成

四、零件加工

1）机床的选择：机床选择沈阳 HTC20580Z，系统为华中系统。

2）刀具、量具的准备：按照工艺要求准备相应的刀具及量具。

3）文件传输：文件传输有三种方式，包括 DNC 通信、网络共享盘通信及 U 盘通信。

① DNC 通信：在主界面下按"F7"键，打开机床通信，并按下英文字母 < Y > 确认，进入通信界面；在 CAXA 数控车软件界面选择菜单命令"通信"→"华中数控4.0 发送"，选取要发送的加工程序，单击"确定"按钮；待发送成功后按下机床英文字母 < X >，退出通信模块，回到主界面。

② 网络共享盘通信：把生成的加工代码放入桌面 PROG 文件夹内，在机床程序目录里选择"NET"，按下方确认键进入目录，选取要加工的程序按下确认键进入加工界面。

③ U 盘通信：将 U 盘插入机床 USB 端口内，在机床程序目录里选择 U 盘，进入目录，选取要加工的程序按下"确认"键进入加工界面。

选择合适传输方式对生成的 G 代码进行传输。

4）建立工件坐标系。

5）程序校验。

6）利用已上传的程序加工。

知识拓展：

数据传输　　　模块一任务一

通过 CAXA 数控车软件中数控车粗加工、精加工的参数设置，探索数控车精/粗加工中主轴转速、进刀量对零件表面加工质量的影响。

任务二　槽类零件建模与加工实例

任务导引：

基于任务一的学习，本任务着重介绍轴类零件切槽加工的参数设置与轨迹生成方法，在已学习加工轴类零件外圆、倒角特征的基础上，通过本任务的学习，使学生强化轴上槽特征知识点的应用，熟练掌握槽特征参数设置及加工方法，能根据下发任务单独立完成轴类中等复杂零件的自动编程与加工。

槽类零件加工任务单见表1-2-1。

表 1-2-1　槽类零件加工任务单

学习工作任务书				编号：02	
课程名称	三维建模与加工		建议学时		10
任务名称	槽类零件建模与加工实例		工作日期		
班　级		姓名		学号	组别

一、任务描述	二、工作目的
根据给出的轴类零件图样，安排合理加工工艺路线，完成工艺卡片的填写，应用 CAXA 数控车软件进行零件的建模与 G 代码的生成，最后在数控机床上完成零件的实体加工	1）能够正确解读零件图 2）能够根据零件图分析出正确加工工艺路线 3）熟练掌握轴类零件槽特征的建模方法 4）熟练掌握轴类零件切槽加工参数设置 5）熟练掌握数控车床切槽的操作要领

三、学习任务

1）图样分析：通过阅读图样分析零件具备的几何特征

① 外圆特征	② 倒角特征
③ 槽特征	

2）工艺分析：依照图样，通过分析拟定加工工艺路线

① 车削右侧端面	② 粗精车削倒角 C1.5、外圆 φ20mm、C1.5、外圆 φ24mm、C0.5、φ30mm、C0.5、φ36mm、R1mm、R25mm、外圆 φ48mm
③ 切削外圆 5mm 宽槽	④ 切断
⑤ 掉头装夹	⑥ 车削左侧端面

3）加工过程中需要用到的刀具

① 外圆粗车刀	② 外圆精车刀
③ 切槽刀	

4）加工过程中主要参数设置

① 粗车外轮廓主轴转速____	② 粗车外轮廓切削行距____，径向余量____、轴向余量____
③ 粗车外轮廓进给量____	④ 精车外轮廓主轴转速____
⑤ 精车外轮廓切削行距____，径向余量____、轴向余量____	⑥ 精车外轮廓进给量____

5）在计算机上完成图样中给定零件的自动编程，生成 G 代码

6）在数控车床上完成零件的实体加工

任务实施：

根据任务要求，分析零件特征，合理编制加工工艺，依据加工工艺完成零件加工，具体有图样工艺分析、软件建模及加工参数设置、生成 G 代码、零件加工四个步骤。

一、图样工艺分析

加工零件图如图 1-2-1a 所示，实体造型图如图 1-2-1b 所示。

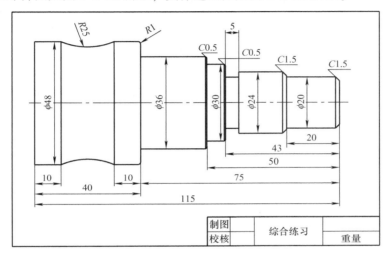

a) 加工零件图

外轮廓、槽加
工简介视频

b) 加工零件实体造型图

图 1-2-1　加工零件

槽类零件加
工建模视频

1. 工艺准备

1）给定毛坯：ϕ50mm × 130mm 45 钢。

2）车右端面，自定心卡盘夹毛坯外圆，找正夹紧，车端面见光。

3）钻中心孔。

4）夹持毛坯预留长度 125mm，尾座顶尖顶中心孔。

2. 工艺分析

1）粗车外圆。粗车削倒角 $C1.5$、外圆 ϕ20mm、$C1.5$、外圆 ϕ24mm、$C0.5$、ϕ30mm、$C0.5$、ϕ36mm、$R1$mm、$R25$mm、外圆 ϕ48mm 至 120mm 处，留余量 0.5mm。

2）精车外圆。精车削倒角 $C1.5$、外圆 ϕ20mm、$C1.5$、外圆 ϕ24mm、$C0.5$、ϕ30mm、$C0.5$、ϕ36mm、$R1$mm、$R25$mm、外圆 ϕ48mm 至 120mm 处。

3）切槽。切工件左侧 5mm 宽槽。

4）切断。切断保证总长≥116mm。

5）掉头装夹，夹持 φ36mm 位置。

6）车工件左端面。夹 φ36mm 外圆，车左端面，保证长度 40mm。

7）检验。

加工工艺卡见表 1-2-2。

表 1-2-2　加工工艺卡

工艺过程卡片		零件名称	轴	零件编号	02	共 1 页	第 1 页
材料牌号	45	毛坯种类	钢	毛坯尺寸		设备名称	数控车床	设备型号	
工序号	工序名称	工序内容		刀具	加工参数			工时 /min
					主轴转速 /(r/min)	进给量 /(mm/min)	背吃刀量 /mm	
1	备料	毛坯：φ50mm × 130mm 45 钢						5
2	车工件右端面	车削右侧端面，保证总长 125mm		外圆粗车刀	800	40	1	2
3	粗车外圆	粗车削倒角 C1.5、外圆 φ20mm、C1.5、外圆 φ24mm、C0.5、φ30mm、C0.5、φ36mm、R1mm、R25mm、外圆 φ48mm 至 120mm 处，留余量 0.5mm		外圆粗车刀	1000	200	2	15
4	精车外圆	精车削倒角 C1.5、外圆 φ20mm、C1.5、外圆 φ24mm、C0.5、φ30mm、C0.5、φ36mm、R1mm、R25mm、外圆 φ48mm 至 120mm 处		外圆精车刀	1500	80	0.2	5
5	切槽	切工件左侧 5mm 宽槽		切槽刀	800	40		2
6	切断	切断保证总长≥116mm		切槽刀	800	800		2
7	车工件左端面	夹 φ36mm 外圆，车左端面，保证长度 40mm		外圆车刀	800	40	1	2
编制		日期		校核		日期		审核			日期	

二、软件建模及加工参数设置

依照加工工艺按步骤逐一加工，本例主要介绍利用 CAXA 数控车软件生成加工程序并导入数控机床进行加工的方法和步骤。

1. 绘制零件图

（1）启动系统，运行 CAXA 数控车软件

进入绘图界面，按"F7"键将绘图平面切换成 XOZ 面，参见图 1-1-2。

（2）绘制零件主要轮廓

1）圆弧的画法。单击圆弧按钮 ，启动"圆弧"命令，弹出立即菜单，如图 1-2-2 所示。圆弧的绘制方法有 6 种，这里使用"两点_半径"的方法，两点指的是圆弧的两端点，半径是指圆弧的半径。通过拾取两端点和输入半径的操作就可绘制出圆弧。圆弧的其他画法可以根据已知条件选择不同的绘制模式进行绘制。

图 1-2-2　立即菜单

2）通过已介绍的直线、圆弧、倒角的方法就可以将本例的零件图绘制完成，完整的零件轮廓图如图 1-2-3 所示。

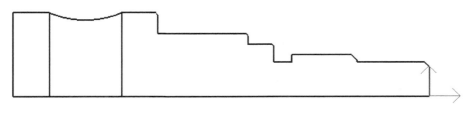

图 1-2-3　零件轮廓图

2. 绘制零件毛坯轮廓

使用 CAXA 数控车软件加工时需要选择工件毛坯的轮廓，所以这里还需画出该零件的毛坯轮廓，使用"直线""等距线"等命令绘制毛坯轮廓，如图 1-2-4 所示。

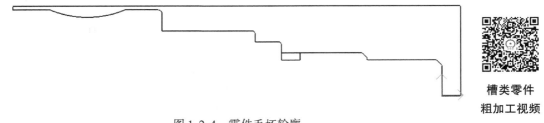

图 1-2-4　零件毛坯轮廓

槽类零件
粗加工视频

3. 轮廓粗车

轮廓粗车用于实现对工件的端面、外轮廓、内轮廓的粗车加工，用来快速去除毛坯的多余部分。

注意：轮廓粗车时要确定被加工轮廓和毛坯轮廓。被加工轮廓是指加工后的工件表面轮廓，毛坯轮廓是加工前毛坯的表面轮廓。被加工轮廓和毛坯轮廓的两端点必须相连，共同构成一个封闭的加工区域，在此区域的加工材料在粗加工时将被去除。被加工轮廓和毛坯轮廓不能单独闭合或自相交。在选择被加工轮廓或毛坯轮廓时，如果出现拾取失败的提示，则说明轮廓单独闭合或未相交。

1）选择菜单命令"数控车"→"轮廓粗车"，系统弹出"粗车参数表"对话框，合理设置各选项卡中的参数，见表 1-2-3。

表 1-2-3　粗车参数表设置

选项卡	参数设置	说　明
加工参数		★★重要选项卡 相关参数可结合实际加工需要进行合理设置 经常更改变量：切削行距、径向余量、轴向余量
进退刀方式		★重要选项卡 相关参数可结合实际加工需要进行合理设置
切削用量		☆辅助选项卡 相关参数可结合实际加工需要进行合理设置 经常更改变量：进刀量、主轴转速
轮廓车刀		☆辅助选项卡 相关参数可结合实际加工需要进行合理设置 经常更改变量：刀柄宽度、刀角长度、刀尖半径

2）填写完毕后，单击"确定"按钮，即可完成参数的设置。

3）系统提示栏提示"拾取被加工工件表面轮廓:"，要求按顺序拾取工件的轮廓。此时，按空格键会弹出拾取工具菜单，如图1-2-5所示。

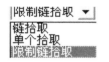

图1-2-5　拾取工具菜单

我们可以采用链拾取、单个拾取或限制链拾取的方式来拾取被加工工件表面和毛坯轮廓。如果加工轮廓和毛坯轮廓首尾相连，采用链拾取会将被加工轮廓和毛坯轮廓全部拾取上；采用限制链拾取和单个拾取则可以将二者区分开拾取。

4）单击鼠标左键，选择拾取工具菜单的"单个拾取"选项。如图1-2-6所示，单击鼠标左键可依次从右向左拾取虚线部分的加工轮廓，完成被加工工件表面轮廓（虚线部分）的拾取，按"Enter"键或单击鼠标右键完成拾取。

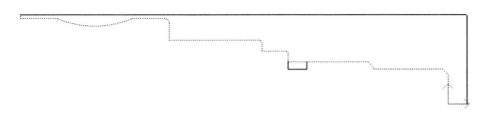

图1-2-6　拾取工件轮廓

5）系统提示"拾取定义的毛坯轮廓"，要求按顺序拾取毛坯的轮廓。切换立即菜单选择"单个拾取"，从左向右依次拾取虚线部分，如图1-2-7所示。

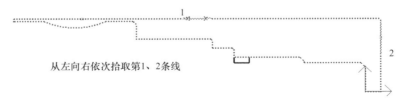

图1-2-7　拾取的零件轮廓

6）系统提示"输入进退刀点"，要求输入轮廓粗车的进退刀点，进退刀点选择在毛坯外侧一点，直径方向大于毛坯2～3mm，长度方向在+Z方向上大于毛坯2～3mm（此距离仅为参考），如图1-2-8所示A点，系统自动生成轮廓粗车的刀具轨迹，如图1-2-8所示。

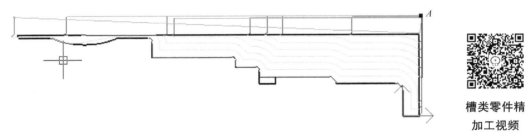

图1-2-8　轮廓粗车刀具轨迹

槽类零件精
加工视频

4. 轮廓精车

轮廓精车用于实现对工件外轮廓、内轮廓和端面的精车加工，用来保证零件的尺寸精度和表面粗糙度等。

注意： 轮廓精车时要确定被加工轮廓，被加工轮廓就是加工后的工件表面轮廓，被加工轮廓必须是首尾顺次连接的非闭合轮廓。否则，在拾取被加工轮廓时会出现"拾取失败"的提示。

1）选择菜单命令"数控车"→"轮廓精车"，系统弹出"精车参数表"对话框，合理设置各选项卡中的参数，见表1-2-4。

表1-2-4　精车参数表设置

选项卡	参数设置	说　明
加工参数		★★重要选项卡 相关参数可结合实际加工需要进行合理设置 经常更改变量：切削行距、径向余量、轴向余量
进退刀方式		★重要选项卡 相关参数可结合实际加工需要进行合理设置
切削用量		☆辅助选项卡 相关参数可结合实际加工需要进行合理设置 经常更改变量：进刀量、主轴转速

（续）

选项卡	参数设置	说 明
轮廓车刀	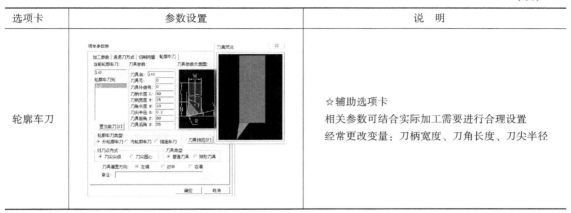	☆辅助选项卡 相关参数可结合实际加工需要进行合理设置 经常更改变量：刀柄宽度、刀角长度、刀尖半径

2）系统提示"拾取被加工工件表面轮廓"，要求按顺序拾取工件的加工轮廓。按照粗加工的拾取方式拾取零件表面轮廓，如图1-2-9所示。

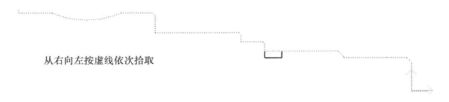

从右向左按虚线依次拾取

图1-2-9 拾取被加工工件表面轮廓

3）系统提示"输入进退刀点"，要求输入轮廓精车的进退刀点，拾取图1-2-10所示 *B* 点，单击鼠标右键。系统自动生成精加工刀具轨迹，完成零件的轮廓精加工。

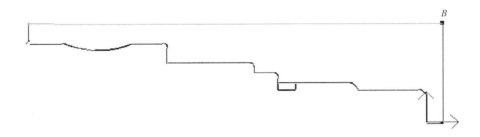

图1-2-10 轮廓精车刀具轨迹

5. 切槽

切槽用于实现对工件外轮廓、内轮廓和断面的加工。

1）选择菜单命令"数控车"→"切槽"，系统弹出"切槽参数表"对话框，合理设置各选项卡中的参数，见表1-2-5。

槽类零件切槽加工视频

表 1-2-5　切槽参数表设置

选项卡	参数设置	说　明
切槽加工参数		★★重要选项卡 相关参数可结合实际加工需要进行合理设置 经常更改变量：平移步距、切深步距、加工余量
切削用量		☆辅助选项卡 相关参数可结合实际加工需要进行合理设置 经常更改变量：进刀量、主轴转速
切槽刀具		☆辅助选项卡 相关参数可结合实际加工需要进行合理设置 经常更改变量：刀具宽度、刀刃宽度、刀尖半径

注意：切槽时要确定被加工轮廓，被加工轮廓就是加工后的工件表面轮廓。被加工轮廓不能单独闭合或自相交。

2）根据前面的拾取方法选取工件表面轮廓和进退刀点，拾取图 1-2-11 所示 C 点（选取进退刀点时注意不要发生干涉）。

三、生成 G 代码

1. 机床类型设置

单击按钮，可选择一个已存在的机床并进行修改。可按图 1-1-16 进行配置。

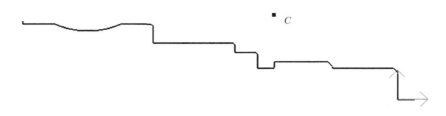

图 1-2-11 进退刀点

2. 后置设置

选择菜单命令"数控车"→"后置设置"或单击按钮 ▣，系统弹出"后置处理设置"对话框，如图 1-1-17 所示。用户可按自己的需要更改已有机床的后置设置。

3. G 代码生成

代码的生成是按照当前使用机床的配置参数要求，将刀具轨迹转化为 G 代码的数据文件的过程，有了生成的程序就可以直接输入到数控机床中进行加工。

选择菜单命令"数控车"→"代码生成"，弹出"生成后置代码"对话框，如图1-1-18 所示。选择相应数控系统，确定后提示拾取刀具轨迹，鼠标左键单击所要生成代码的轨迹（如图 1-2-12a 所示），右键确定即可生成 G 代码，如图 1-2-12b 所示。G 代码生成后可保存在指定的文件夹内，方便后续加工使用。

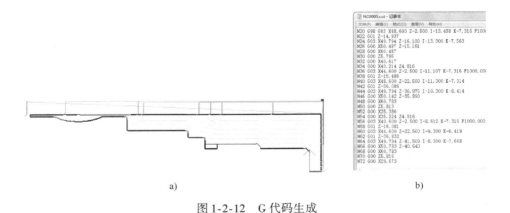

a)   b)

图 1-2-12 G 代码生成

四、零件加工

操作方法和步骤同任务一。

知识拓展：

模块一任务二

通过 CAXA 数控车软件槽加工的参数设置，探索数控车切槽加工中进给速度、切削速度对零件表面加工质量的影响。

任务三　螺纹类零件建模与加工实例

任务导引：

通过本任务，在强化外圆轮廓及槽特征等知识点的基础上，使学生掌握螺纹的应用，熟练掌握各特征参数设置及加工方法，并能根据下发任务单独立完成螺纹类零件的三维建模、自动编程与加工。

螺纹类零件加工任务单见表1-3-1。

表1-3-1　螺纹类零件加工任务单

学习工作任务书			编号：03	
课程名称	三维建模与加工		建议学时	6
任务名称	螺纹类零件建模与加工实例		工作日期	
班　级		姓名	学号	组别

一、任务描述	二、工作目的
根据给出的螺纹类零件图样，安排合理加工工艺路线，完成工艺卡片的填写，应用CAXA数控车软件进行零件的建模与G代码的生成，最后在数控机床上完成零件的实体加工	1）能够正确解读零件图 2）能够根据零件图分析并编制正确加工工艺路线 3）熟练掌握螺纹轴各种特征的建模方法 4）熟练掌握螺纹的加工参数设置 5）熟练掌握数控车床外圆、槽、螺纹加工的操作要领

三、学习任务

1）图样分析：通过阅读图样分析主轴具备的几何特征

① 外圆特征	② 槽特征
③ 倒角特征	④ 螺纹特征

2）工艺分析：依照图样，通过分析，拟定加工工艺路线

① 车削左侧端面	② 车削外圆φ20mm至φ22mm
③ 车削R1.5mm圆弧	④ 车削φ26mm外圆
⑤ 车削左侧φ22mm两处槽	⑥ 掉头装夹，车削右侧端面
⑦ 车削外圆φ10mm、φ14mm、φ20mm、R2mm圆弧	⑧ 车削C1倒角
⑨ 切削外圆一处5mm宽槽	⑩ 车削M14×1外螺纹

3）加工过程中需要用到的刀具

① 外圆车刀	② 切槽刀
③ 外螺纹刀	

4）加工过程中主要参数设置

① 粗、精车外轮廓主轴转速＿＿＿	② 粗、精车外轮廓切削行距＿＿＿
③ 粗、精车外轮廓进项、轴向余量＿＿＿	④ 粗、精车外轮廓主轴进给＿＿＿
⑤ 切槽步距＿＿＿	⑥ 切槽切削深度＿＿＿

5）在计算机上完成图样中给定零件的自动编程，生成G代码

6）在数控车床上完成零件的实体加工

任务实施：

具体任务实施分为四步骤：图样工艺分析、软件建模及加工参数设置、生成 G 代码、零件加工。

一、图样工艺分析

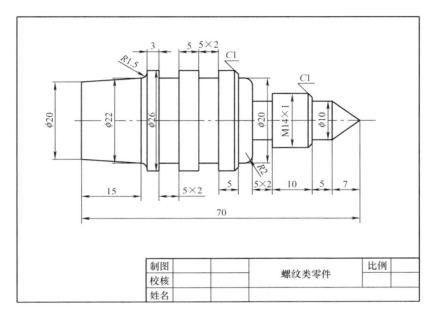

螺纹加工微课

图 1-3-1　螺纹类零件图

1. 工艺准备

1）给定毛坯 $\phi 30mm \times 72mm$ 棒料。

2）夹持毛坯，预留 50mm 长。

2. 工艺分析

1）车削左侧端面，总长留余量 0.5mm。

2）自左端面粗精车削长为 15mm 的圆锥、$R1.5mm$ 圆弧、$\phi 26$ 外圆至 40mm 位置。

3）切削外圆两处 5mm 宽键槽。

4）掉头装夹，夹持 $\phi 26mm$ 位置，预留 35mm。

5）车削右侧端面至总长。

6）自右端面粗精车长为 7mm 圆锥、外圆 $\phi 10mm$、倒角 C1、外圆 $\phi 14mm$、圆弧 $R2mm$、外圆 $\phi 20mm$ 及倒角 C1。

7）车削右侧 5mm 宽退刀槽。

8）车削 $M14 \times 1$ 螺纹。

加工工艺卡见表 1-3-2。

表1-3-2 加工工艺卡

工艺过程卡片		零件名称	螺纹类零件	零件编号	03	共1页	第1页
材料牌号	45	毛坯种类	钢	毛坯尺寸	$\phi30mm \times 72mm$	设备名称	数控车床	设备型号	CA6140

工序号	工序名称	工序内容	刀具	加工参数			工时/min
				主轴转速/(r/min)	进给量/(mm/min)	背吃刀量/mm	
1	备料	毛坯：$\phi30mm \times 72mm$ 45钢					
2	装夹	工件装夹、找正					2
3	平右端面	车削厚度大约为0.5mm，保证毛坯端面全部见光	外圆粗加工刀	1000	30		2
4	车直径	车削厚度大约为1mm，保证车削毛坯直径全部见光	外圆粗加工刀	1000	100		3
5	外圆粗加工	应用外圆粗加工方法，去除大部分余量	外圆粗加工刀	1000	100		1
6	切槽	应用切槽粗加工方法，去除大部分余量	切槽刀	800	40		5
7	外圆精加工	应用外圆精加工方法，去除零件外轮廓余量	外圆精加工刀	1300	80		5
8	槽精加工	应用切槽精加工方法，去除零件内轮廓余量	切槽刀	1000	60		2
9	螺纹加工	应用螺纹加工方法，加工M14×1螺纹	螺纹刀	400	80		2
10	掉头加工	平端面一刀，保证毛坯上端面全部见光	外圆粗加工刀	1000	100		
11	外圆粗加工	应用外圆粗加工方法，去除大部分余量	外圆粗加工刀	1000	1000		
12	外圆精加工	应用外圆精加工方法，去除零件外轮廓余量	外圆精加工刀	1300	80		

二、软件建模及加工参数设置

依照工艺步骤进行加工，在加工中零件应先车削外圆再切槽，最后切削螺纹。加工顺序如图1-3-2所示。

螺纹类零件外轮廓左端建模视频　　螺纹类零件外轮廓右端建模视频

1. 绘图指令

在本零件加工过程，主要用到的绘图指令有直线指令、过渡指令、裁剪指令和镜像指令等指令。

1）直线指令主要用于绘制两点间直线，绘制直线的方法主要有4种，分别为两点线、角度线、角等分线、切线/法线和等分线，如图1-3-3所示。在本实例中，主要用到两点

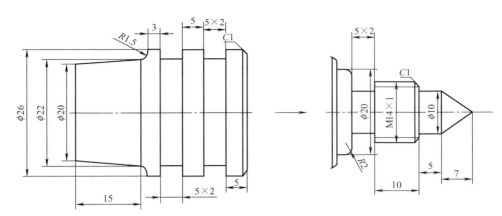

图 1-3-2　螺纹类零件加工顺序

模式。在两点线模式中，又有连续和单个两种模式。在连续模式下，当绘制完成一条直线后，默认以上一条直线终点为下一条直线起点继续绘制直线；在单个模式下，绘制完成一条直线后，默认不再继续执行直线指令。在绘制直线时，如果需要绘制正交的直线，可以将非正交模式改为正交模式。

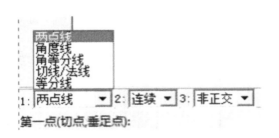

图 1-3-3　绘制直线立即菜单

2）过渡指令主要用于绘制各种倒角，该命令可以绘制圆角、多圆角、倒角、外倒角、内倒角、多倒角和尖角 7 种倒角，如图 1-3-4 所示。本实例主要用到圆角和45°倒角 2 种。如需要倒圆角，则选择圆角模式，将半径值改为图样要求的半径值，然后选取两条要倒圆角的相交的直线即可。如需要倒斜角，则选择倒角模式，按照图样要求变更长度和角度 2 个数

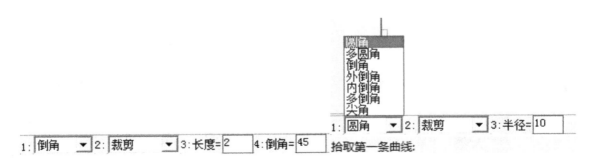

图 1-3-4　绘制倒角立即菜单

值，然后选取两条要倒圆角的相交的直线即可。

3）裁剪指令主要用于修剪掉在绘图过程中产生的多余的线段。此命令主要有快速裁剪、拾取边界、批量裁剪 3 种模式，如图 1-3-5 所示，在本实例中，主要用到快速裁剪和拾取边界两种模式。如只需要将延伸出来的线段裁剪至与该直线最近的相交位置，则选取快速裁剪模式，然后在要裁剪掉的位置选取线段即可；如需要裁剪固定边界内的线段，则选择拾取边界模式，然后选取边界曲线，单击"Enter"键后选取要裁剪的线段即可。

图 1-3-5 裁剪指令
立即菜单

2. 绘制零件图

依照工艺排序首先加工车削左侧端面，总长留余量 0.5mm，自左端面粗精车削长为 15mm 的圆锥、$R1.5$mm 圆弧、$\phi26$mm 外圆至 40mm 位置。

利用直线指令（如图 1-3-6a 所示），自软件绘图界面零点位置向 + X 方向画 30/2mm（即向零点上方画 15mm 的直线），再通过平行线向 − Z 向画出各条平行线（即向左单向偏移画出平行线，如图 1-3-6b 所示），如图 1-3-6c 所示。

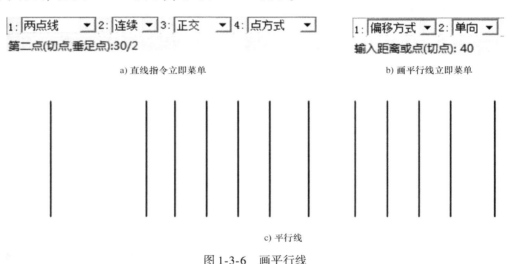

a) 直线指令立即菜单

b) 画平行线立即菜单

c) 平行线

图 1-3-6 画平行线

利用直线指令中的两点线模式（如图 1-3-7a 所示），依次将平移后的各线下端连接，如图 1-3-7b 所示。

a) 两点线模式

b) 将各线下端连接

图 1-3-7 连接平行线下端

通过平行线偏移的方法（如图1-3-8a所示），将刚连好在平行线下端的直线，按图1-3-1中尺寸向上偏移，如图1-3-8b所示。

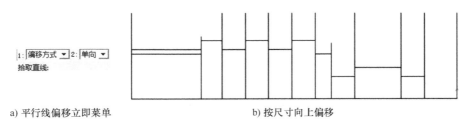

a) 平行线偏移立即菜单　　　　　　b) 按尺寸向上偏移

图1-3-8　平行线偏移

通过直线指令中的两点线模式和非正交模式（如图1-3-9a所示），画出7mm长圆锥和15mm长圆锥，如图1-3-9b所示。

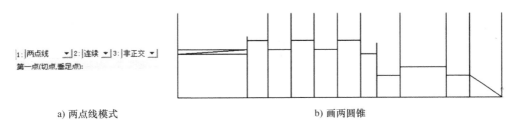

a) 两点线模式　　　　　　b) 画两圆锥

图1-3-9　画7mm长圆锥和15mm长圆锥

通过过渡指令中的圆角模式（如图1-3-10a所示）画出R2mm和R1.5mm圆弧，如图1-3-10b所示。

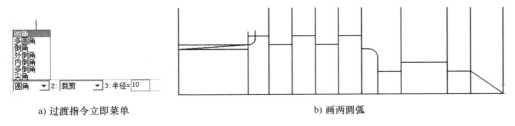

a) 过渡指令立即菜单　　　　　　b) 画两圆弧

图1-3-10　画R2mm和R1.5mm圆弧

通过过渡指令中的倒角模式（如图1-3-11a所示）画出两个倒角C1，如图1-3-11b所示。

通过裁剪指令中的快速裁剪模式（如图1-3-12a所示）去除多余的线条，只留下轮廓线，如图1-3-12b所示。

因为根据加工工艺先车削左侧端面，总长留余量0.5mm，自左端面粗精车削长为15mm圆锥、R1.5mm圆弧、φ26mm外圆至40mm位置，所以再通过镜像指令▲中的选择轴线模式（如图1-3-13a所示）将图像全部选中，如图1-3-13b所示。

再选择轴线将图像进行镜像，如图1-3-14所示。

镜像完成后再通过平移指令✛中的给定两点模式（如图1-3-15a所示），将图形平移到

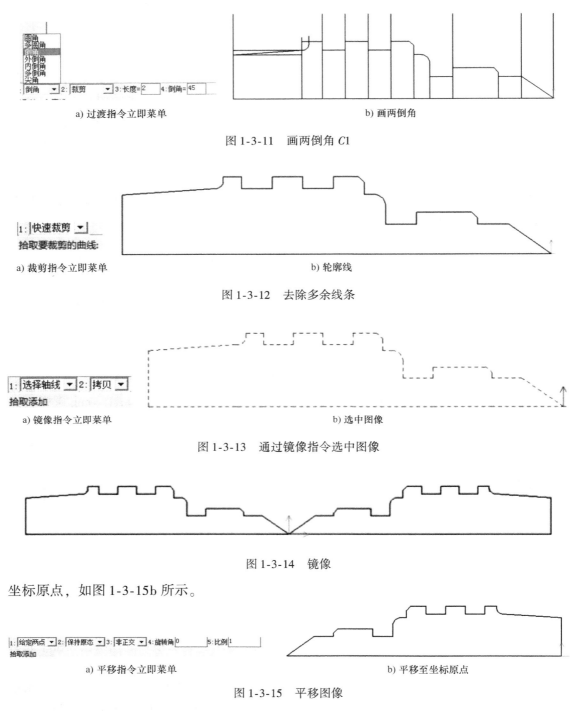

a) 过渡指令立即菜单　　　　　　　　　　　　b) 画两倒角

图 1-3-11　画两倒角 C1

a) 裁剪指令立即菜单　　　　　　　　　　　　b) 轮廓线

图 1-3-12　去除多余线条

a) 镜像指令立即菜单　　　　　　　　　　　　b) 选中图像

图 1-3-13　通过镜像指令选中图像

图 1-3-14　镜像

坐标原点，如图 1-3-15b 所示。

a) 平移指令立即菜单　　　　　　　　　　　　b) 平移至坐标原点

图 1-3-15　平移图像

通过直线指令先把有槽的地方补齐，如图 1-3-16 所示。

再用直线指令画出一条给定的毛坯限制线，如图 1-3-17 所示。

加工时图形一定要完全闭合，否则不能进行粗加工。

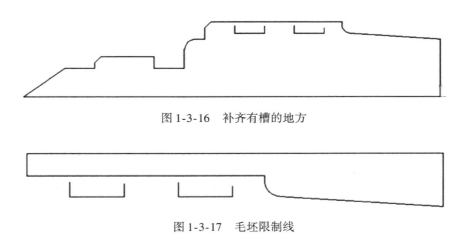

图 1-3-16　补齐有槽的地方

图 1-3-17　毛坯限制线

3. 粗加工

运用粗加工指令▤，合理设置各选项卡中的参数，见表 1-3-3，生成零件的粗加工轨迹结果如图 1-3-18 所示。

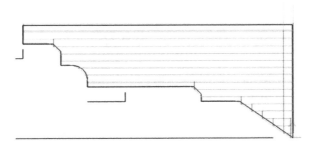

图 1-3-18　粗加工轨迹

表 1-3-3　粗车参数表设置

选项卡	参数设置	说　明
加工参数		加工表面类型选择"外轮廓" 切削行距 1.5mm 加工精度 0.01mm 径向余量 0.02mm 径向余量和轴向余量为精加工时留的加工余量，如无精加工，均填 0

（续）

选项卡	参数设置	说　明
进退刀方式		每行相对毛坯进刀方式选择"垂直" 每行相对毛坯退刀方式选择"垂直" 每行相对加工表面进刀方式选择"垂直" 每行相对加工表面退刀方式选择"垂直" 快速退刀距离5mm
切削用量		进退刀时快速走刀选择"否" 接近速度70mm/min 退刀速度2000mm/min 进刀量100mm/min 主轴转速选择"恒转速"，输入1000rpm[①]
轮廓车刀		刀具参数根据选用的刀具填写

① rpm 即 r/min。

确定后拾取被加工工件表面轮廓，拾取分单个拾取及限制链拾取，如图1-3-19a、b所示。单个拾取为单一拾取轮廓线，当轮廓表面线拾取完毕后鼠标右键确定后再拾取其他轮廓线。限制链拾取为在选择表面轮廓时先拾取第一条线段，单击方向后直接拾取最后一条线段，无需按右键确定即可进入下一步操作。拾取后的表面轮廓如图1-3-19c所示。

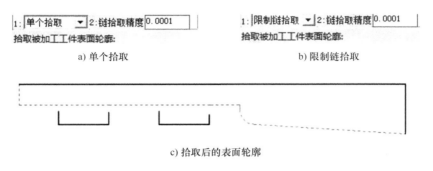

图1-3-19　拾取表面轮廓

拾取完被加工工件表面轮廓后轮廓曲线变为虚线，并提示拾取毛坯轮廓，如图1-3-20所示。

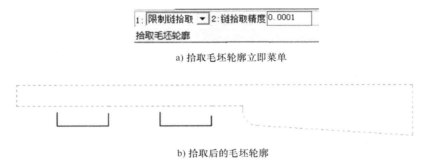

图1-3-20　拾取毛坯轮廓

拾取毛坯轮廓后，毛坯轮廓也变为虚线，提示拾取进退刀点（如图1-3-21a所示）。进退刀点选择在毛坯外侧一点，直径方向上大于毛坯2~3mm，长度方向在+Z方向上大于毛坯2~3mm，此距离仅为参考，实际距离依照实物选择。一般退刀点为（100，50）（如图1-3-21b所示）。输入退刀点（100，50）后单击回车键即可生成刀具轨迹，如图1-3-22所示。

图1-3-21　进退刀点

4. 精加工

选择精加工指令 📄，合理设置各参数并生成精加工程序，参数设置说明参考表1-3-4。

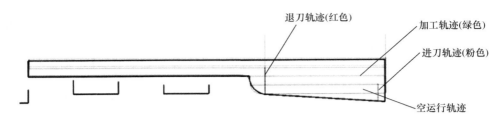

图 1-3-22　刀具轨迹

表 1-3-4　精车参数表设置

选项卡	参数设置	说　明
加工参数		精加工时主要改变以下切削参数： 切削行距 1mm 加工精度 0.01mm 径向余量和轴向余量改为 0mm
进退刀方式		每行相对加工表面进刀方式选择"垂直" 每行相对加工表面退刀方式选择"垂直"

（续）

选项卡	参数设置	说　明
切削用量	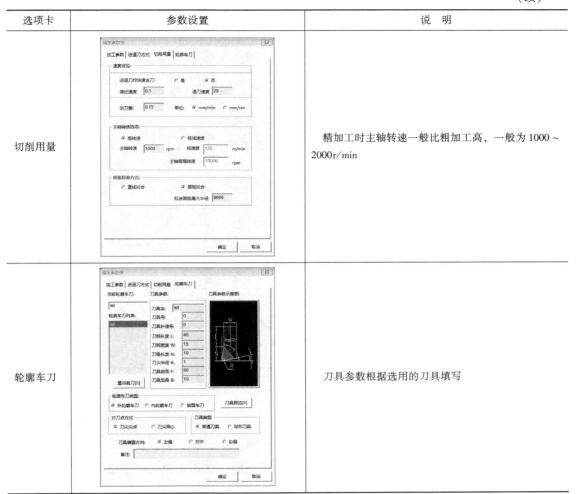	精加工时主轴转速一般比粗加工高，一般为 1000 ~ 2000r/min
轮廓车刀		刀具参数根据选用的刀具填写

在精车时不需要拾取毛坯轮廓，只需拾取零件轮廓曲线，如图 1-3-23 所示。

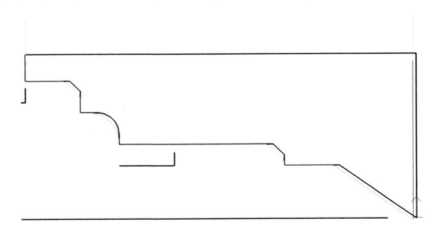

图 1-3-23　零件轮廓

确定后系统提示选择拾取被加工工件表面轮廓，如图 1-3-24 所示。拾取轮廓后提示选择拾取进退刀点，进退刀点选择与粗加工一致。

图 1-3-24　拾取表面轮廓

在以上设置下生成精加工轮廓线，如图 1-3-25 所示。

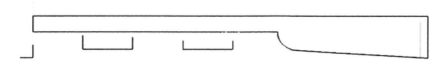

图 1-3-25　精加工轮廓线

5. 切槽

依照工艺加工外圆后加工外切槽，将切削外圆两处 5mm 宽键槽。将刚画好的图形槽的部分补齐，如图 1-3-26 所示。

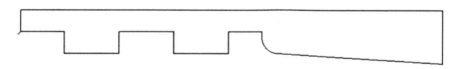

图 1-3-26　补齐槽的部分

选择切槽指令 ，设置切槽参数，并生成加工程序。参数设置说明见表 1-3-5。

表 1-3-5　切槽参数表设置

选项卡	参数设置	说　明
切槽加工参数		切槽表面类型选择"外轮廓" 加工工艺类型根据实际需要选择，加工工艺要求不高，则只进行粗加工

（续）

选项卡	参数设置	说 明
切削用量		进退刀时快速走刀选择"否" 接近速度 20mm/min 退刀速度 2000mm/min 进刀量 40mm/min 主轴转速选择"恒转速"，输入 800r/min
切槽刀具		刀具参数根据选用的刀具填写

选择切槽指令，确定后拾取槽轮廓（如图 1-3-27a 所示），拾取后提示拾取进退刀点，进退刀点依照粗加工进退刀点选择。

依照表 1-3-4 更改参数后拾取轨迹如图 1-3-27b 所示。

a) 拾取表面轮廓　　　　　　　　　　　　　　　　b) 拾取轨迹

图 1-3-27 切槽

在切削异形槽时更改粗加工行距（如图1-3-28a所示），生成轨迹，如图1-3-28b所示。

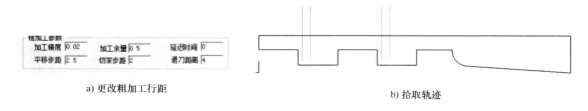

a) 更改粗加工行距

b) 拾取轨迹

图1-3-28 切削异形槽

6. 掉头装夹

夹持 $\phi26$mm 位置，预留 35mm。

7. 车右侧端面及螺纹

车削右侧端面至总长，自右端面粗、精车长为7mm圆锥、外圆 $\phi10$mm、倒角 $C1$、外圆 $\phi14$mm、圆弧 $R2$mm、外圆 $\phi20$mm 及倒角 $C1$。

运用螺纹加工指令，设置螺纹参数并生成加工程序。螺纹参数说明参考表1-3-6。

表1-3-6 螺纹参数表设置

选项卡	参数设置	说 明
螺纹参数		1）螺纹参数 ① 起点坐标：车螺纹的起始点坐标，内螺纹 X 方向为小径，Z 向应为螺纹向 +Z 方向 1～2mm ② 终点坐标：车螺纹的终止点坐标，内螺纹 X 方向为小径，Z 向应为螺纹向 -Z 方向 1～2mm。有工艺槽的可选槽中间 ③ 螺纹长度：螺纹起始点到终止点的距离，若更改起终点坐标则螺纹长度将重新自行计算 ④ 螺纹牙高：螺纹牙的高度，一般数控加工中牙高 =1.3×导程/2 ⑤ 螺纹头数（即螺纹线数）：螺纹为单线螺纹或多线螺纹 2）螺纹节距 ① 恒定节距：两个相邻螺纹轮廓上对应点之间的距离为恒定值 节距：恒定节距值及螺纹导程 ② 变节距：两个相邻螺纹轮廓上对应点之间的距离为变化的值 始节距：起始端螺纹的节距 末节距：终止端螺纹的节距

（续）

选项卡	参数设置	说　明
螺纹加工参数		1）加工工艺 ① 粗加工：指直接采用粗切方式加工螺纹 ② 粗加工＋精加工：指根据指定的粗加工深度进行粗切后，再采用精切方式切除余量 2）末行走刀次数：最后一个切削行重复走刀次数 3）螺纹总深：螺纹粗加工和精加工总的切深量之和 4）粗加工深度：螺纹粗加工的切深量 5）精加工深度：螺纹精加工的切深量 6）每行切削用量 ① 恒定行距：加工时沿恒定的行距进行加工 ② 恒定切削面积：为保证每次切削的切削面积恒定，各次切削深度将逐步减小，直至等于最小行距。需指定第一刀行距及最小行距。吃刀深度规定如下：第 n 刀的吃刀深度为第一刀的吃刀深度 $\sqrt{n}$ 倍 7）每行切入方式：指刀具在螺纹始端切入时的切入方式。刀具在螺纹末端的退出方式与切入方式相同 ① 沿牙槽中心线：切入时沿牙槽中心线 ② 沿牙槽右侧：切入时沿牙槽右侧 ③ 左右交替：切入时沿牙槽左右交替
进退刀方式		1）进刀方式： ① 垂直：指刀具直接进刀到每一切削行的起始点 ② 矢量：指在每一切削行前加入一段与Z轴正方向成一定夹角的进刀段，刀具进刀到该进刀段的起点，再沿该进刀段进刀至切削行 2）退刀方式： ① 垂直：指刀具直接退刀到每一切削行的起始点 ② 矢量：指在每一切削行前加入一段与Z轴正方向成一定夹角的退刀段，刀具退刀到该退刀段的起点，再沿该退刀段退刀至切削行
切削用量		1）速度设定 ① 接近速度：刀具接近工件时的进给速度 ② 退刀速度：刀具离开工件的速度 ③ 进刀量：刀具加工时的切削速度 ④ 单位：分两种，分进给 mm／min（毫米/分钟）。和转进给 mm／rev（毫米/转）。转进给的速度与转速成正比 2）主轴转速选项 机床主轴旋转的速度为主轴转速，分为恒转速和恒线速度 ① 恒转速：切削过程中按指定的主轴转速保持主轴转速恒定 ② 恒线速度：切削过程中按指定的线速度值保持线速度恒定 在切削螺纹中采用恒转速方式，根据机床参数及螺纹参数设定为400mm／min 左右

（续）

选项卡	参数设置	说　明
螺纹车刀	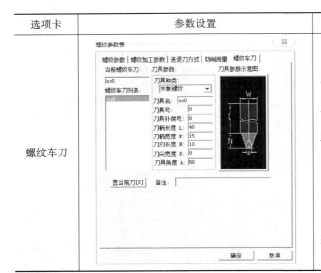	1）刀具名：刀具的名称，用于刀具标识和列表。刀具名是唯一的 2）刀具号：刀具的系列号，用于后置处理的自动换刀指令。刀具号唯一，并对应此刀具所在机床刀位号 3）刀具补偿号：刀具补偿值的序列号，其值对应此刀具在机床的对刀数据号 4）刀柄长度：刀具可夹持段的长度 5）刀柄宽度：刀具可夹持段的宽度 6）刀刃长度：刀具可切削段的长度 7）刀尖宽度：螺纹齿底宽度 8）刀具角度：刀具切削段两侧边与垂直于切削方向的夹角，该角度决定了车削出的螺纹的牙型角，普通螺纹为60°

　　选择螺纹加工指令后提示拾取螺纹起始点，鼠标左键单击螺纹右侧端点，单击完成后提示拾取螺纹终点，鼠标左键单击螺纹左侧端点。选择后会弹出螺纹加工对话框，依照所加工螺纹更改参数。

　　更改参数后确定提示拾取进退刀点，依照外圆粗车进退刀点选择即可。螺纹加工效果如图 1-3-29 所示。

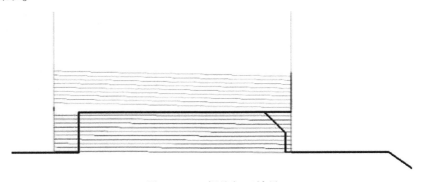

图 1-3-29　螺纹加工效果

三、生成 G 代码

1. 机床类型设置

　　单击按钮 ▣，可选择一个已存在的机床并进行修改。机床类型设置参考图 1-3-30。
　　依照机床系统编程修改机床参数，将 HUAZHONG 系统中的 G98、G99 改为 G94 和 G95，G33 改为 G32，K 改为 F，确定即可。

2. 后置设置

　　选择菜单命令"数控车"→"后置设置"或单击按钮 ▣，系统弹出后置处理设置对话框，如图 1-3-31 所示。用户可按自己的需要更改已有机床的后置设置。按"确定"按钮可将用户的更改保存，"取消"则放弃更改。

图 1-3-30　机床类型设置参数

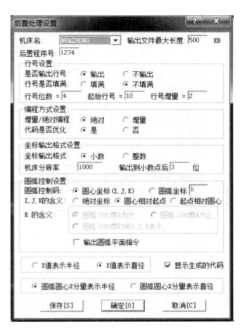

图 1-3-31　后置处理设置参数

3. 生成 G 代码

单击代码生成按钮圖，生成 G 代码。生成后置代码参数参考图 1-3-32。

选择相应数控系统，确定后提示拾取刀具轨迹（如图 1-3-33 所示），鼠标左键单击所要生成的轨迹后右键确定即可生成 G 代码，如图 1-3-34 所示。生成 G 代码后保存在指定文件夹内。

图 1-3-32　生成后置代码参数

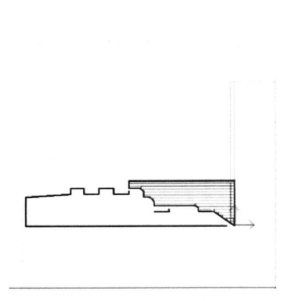

图 1-3-33　拾取刀具轨迹

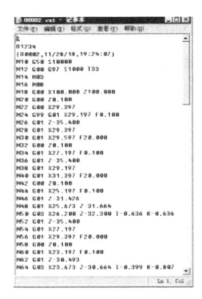

图 1-3-34　加工程序

四、零件加工

1）机床的选择：选择华中系统数控车床。

2）刀具、量具的准备：按照工艺要求准备相应的刀具及量具。

3）文件传输：可任选一种方法传输。

4）试切法对刀。

5）程序校验。

6）利用已上传的程序加工。

模块一任务三

知识拓展：

了解 CAXA 数控车软件中有螺纹特征的轴类零件的加工方式。根据所学内容探究如何生成有螺纹特征的轴类零件的加工轨迹，如何在数控车床上加工此类零件。

任务四　内轮廓零件建模与加工实例

任务导引：

通过本任务，在强化外圆轮廓、槽及螺纹等知识点的基础上，主要掌握内轮廓、内孔槽和内孔螺纹等知识点的应用，使学生能够熟练掌握其特征参数设置及加工方法，依据加工任务单，独立完成内孔类零件的三维建模、自动编程与加工。

加工任务单见表 1-4-1。

表1-4-1　内轮廓零件加工任务单

学习工作任务书			编号：04
课程名称	三维建模与加工	建议学时	6
任务名称	内轮廓零件建模与加工实例	工作日期	
班　级	姓名　　　　　　学号		组别

一、任务描述

二、工作目的

　　根据给出的轴类零件图样，安排合理加工工艺路线，完成工艺卡片的填写，应用 CAXA 数控车软件进行零件的建模与 G 代码的生成，最后在数控机床上进行零件的实体加工

1）能够正确解读零件图
2）能够根据零件图分析并编制加工工艺路线
3）熟练掌握内轮廓零件各种特征的建模方法
4）熟练掌握内轮廓零件各种特征的加工参数设置
5）熟练掌握内孔槽的加工参数设置
6）熟练掌握内孔螺纹的加工参数设置
7）熟练掌握数控车床内轮廓加工的操作要领

三、学习任务

1）图样分析：通过阅读图样分析出主轴具备的几何特征

① 外轮廓特征	② 内孔轮廓特征
③ 内孔槽特征	④ 倒角特征
⑤ 内孔螺纹特征	

2）工艺分析：依照图样，通过分析，拟定加工工艺路线

① 车削右侧端面	② 粗、精车削外圆 $\phi50mm$、$\phi54mm$、$\phi58mm$
③ 粗、精车削内孔 $\phi42mm$ 至 $\phi36mm$	④ 粗、精车削内孔 $\phi36mm$、$\phi26mm$
⑤ 车削左侧 $\phi30mm$ 内槽	⑥ 车削 M26×1 内螺纹
⑦ 掉头装夹	⑧ 车削左端面
⑨ 粗、精车削外圆 $\phi50mm$	⑩ 车削 $\phi44mm$ 外槽
⑪ 粗、精车削内孔 $\phi32mm$、$\phi26mm$	

3）加工过程中需要用到的刀具

① 外圆车刀	② 切槽刀
③ 内螺纹刀	④ 内孔刀
⑤ 内沟槽刀	⑥ 外螺纹刀

4）加工过程中主要参数设置

① 粗、精车内、外轮廓主轴转速＿＿＿	② 粗、精车内、外轮廓切削行距＿＿＿
③ 粗、精车内、外轮廓径向余量＿＿＿、轴向余量＿＿＿	④ 粗、精车内、外轮廓主轴进给＿＿＿
⑤ 切槽步距＿＿＿	⑥ 切槽切削深度＿＿＿

5）在计算机上完成图样中给定零件的自动编程，生成 G 代码
6）在数控车床上完成零件的实体加工

任务实施：

具体任务实施分为四步骤：图样工艺分析、软件建模及加工参数设置、生成 G 代码、零件加工。

一、图样工艺分析

内轮廓零件图如图 1-4-1 所示。

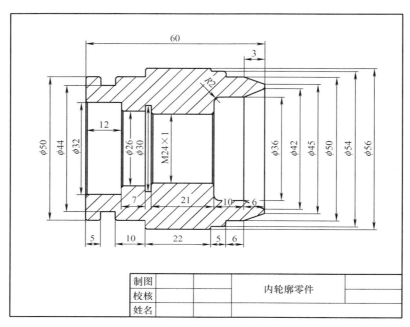

图 1-4-1 内轮廓零件图

1. 工艺准备

1）给定毛坯 $\phi58mm \times 60mm$。

2）外轮廓已加工。

3）在 $\phi58mm$ 毛坯打中心孔。

4）钻 $\phi23mm$ 直径通孔。

5）夹持毛坯，预留 30mm 长。

2. 工艺分析

1）自右端面粗精车长为 6mm 圆锥、$\phi36mm$ 内孔、圆弧 $R2mm$、倒角 $C1$、$\phi22.7mm$ 内孔至距离右端面 38mm 位置。

2）车削 $M26 \times 1$ 螺纹。

工艺掉头：掉头装夹，夹持 $\phi58mm$ 位置，预留 30mm。

1）自左端面粗精车削倒角 $C1$、$\phi32mm$ 内孔、倒角 $C1$、$\phi26mm$ 内孔至距离左端面 22mm 位置及 $\phi50mm$ 外圆部分。

2）切削外圆 5mm 宽键槽。

加工工艺卡见表 1-4-2。

表 1-4-2　加工工艺卡

工 艺 过 程 卡 片				零件名称	内轮廓零件	零件编号	04	共 1 页	第 1 页
材料牌号	45	毛坯种类	钢	毛坯尺寸	φ58mm×60mm	设备名称	数控车床	设备型号	CAK 6140
工序号	工序名称	工 序 内 容		刀具	加 工 参 数			工时 /min
					主轴转速 /(r/min)	进给量 /(mm/min)	背吃刀量 /mm	
1	备料	毛坯：φ58mm×60mm 45 钢						
2	装夹	工件装夹、找正						2
3	平右端面	车削厚度大约 0.5mm，保证毛坯端面全部见光		外圆粗加工刀	1000	100		2
4	车直径	车削厚度大约 1mm，保证车削毛坯直径全部见光		外圆粗加工刀	1000	100		3
5	外圆粗加工	应用外圆粗加工方法，去除大部分余量		外圆粗加工刀	1000	100		1
6	内孔粗加工	应用内轮廓粗加工方法，去除大部分余量		镗孔刀	800	100		5
7	外圆精加工	应用外圆精加工方法，去除零件外轮廓余量		外圆精加工刀	1300	80		5
8	内孔精加工	应用内轮廓精加工方法，去除零件内轮廓余量		镗孔刀	1000	60		2
9	内槽加工	应用内轮廓加工方法，加工内轮廓槽实际位置		内槽刀	700	40		2
10	内螺纹加工	应用内轮廓加工方法，加工 M26×1 螺纹		外圆粗加工刀	400	80		3
11	掉头加工	平端面一刀		外圆粗加工刀	1000	100		1
12	外圆粗加工	应用外圆粗加工方法，去除零件外轮廓余量		外圆粗加工刀	1000	100		3
13	内孔粗加工	应用内轮廓粗加工方法，去除大部分余量		镗孔刀	800	100		3
14	切槽	应用外切槽粗加工方法，去除零件外轮廓余量		切槽刀	900	40		2
15	外圆精加工	应用外圆精加工方法，去除零件外轮廓余量		外圆精加工刀	1300	80		5
16	内孔精加工	应用内轮廓精加工方法，去除零件内轮廓余量		镗孔刀	1000	80		5
编制		日期		校核	日期		审核	日期

二、软件建模及加工参数设置

依照工艺步骤进行加工，在加工中零件应先车削外圆，再切槽，最后切削螺纹。内轮廓零件加工顺序如图 1-4-2 所示。

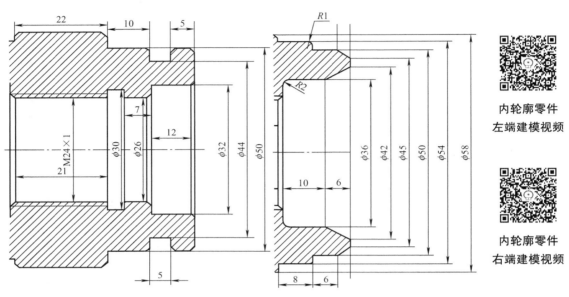

内轮廓零件
左端建模视频

内轮廓零件
右端建模视频

图 1-4-2　内轮廓零件加工顺序图

1. 绘图指令及绘制零件图

在本零件加工过程，主要用到的绘图指令有直线命令（ ⁄ ）、过渡指令（ ⌐ ）、裁剪指令（ ✂ ）和镜像指令（ ⚠ ）等指令。

在 $\phi58$mm 毛坯打中心孔，钻 $\phi23$mm 直径通孔。夹持毛坯预留 30mm 长。根据工艺要求自左端面粗精车削倒角 $C1$、$\phi32$mm 内孔、倒角 $C1$、$\phi26$mm 内孔至距离左端面 22mm 位置。

利用直线指令（如图 1-4-3a 所示）在零点向 +X 方向画 36/2mm 线段（即向坐标上方画长为 18mm 的直线），再通过各尺寸用平行线向 −Z 方向画出各条平行线（即向左单向偏移画出各平行线，如图1-4-3b所示），如图 1-4-3c 所示。

利用直线指令中的两点线模式（如图 1-4-4a 所示），依次将平移后的各线下端连接，如图 1-4-4b 所示。

通过平行线偏移的方法（如图 1-4-5a 所示），将刚连好在平行线下端的直线，按图1-4-1中尺寸向上偏移，如图 1-4-5b 所示。

通过直线指令中的两点线模式和非正交模式（如图 1-4-6a 所示），画出 6mm 圆锥，如图 1-4-6b 所示。

通过过渡指令中的圆角模式（如图 1-4-7a 所示）画出 $R2$mm 圆弧，如图 1-4-7b 所示。

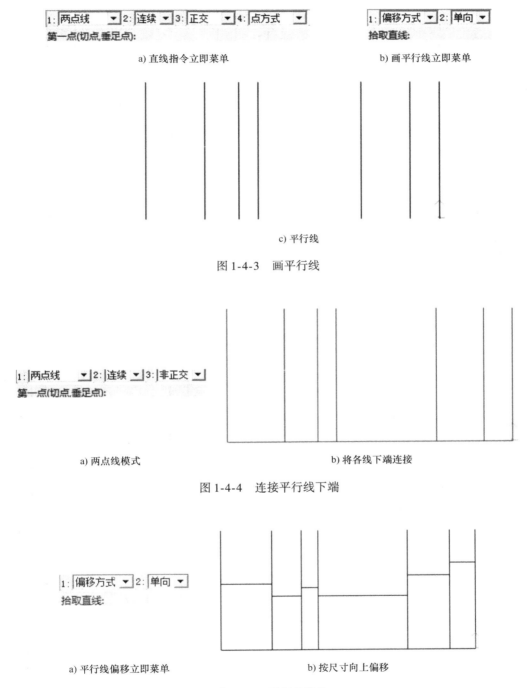

a) 直线指令立即菜单

b) 画平行线立即菜单

c) 平行线

图 1-4-3　画平行线

a) 两点线模式

b) 将各线下端连接

图 1-4-4　连接平行线下端

a) 平行线偏移立即菜单

b) 按尺寸向上偏移

图 1-4-5　平行线偏移

通过过渡指令中的倒角模式（如图 1-4-8a 所示）画出三个倒角 $C1$，如图 1-4-8b 所示。

通过裁剪指令中的快速裁剪模式（如图 1-4-9a 所示）去除多余的线条，只留下轮廓线，如图 1-4-9b 所示。

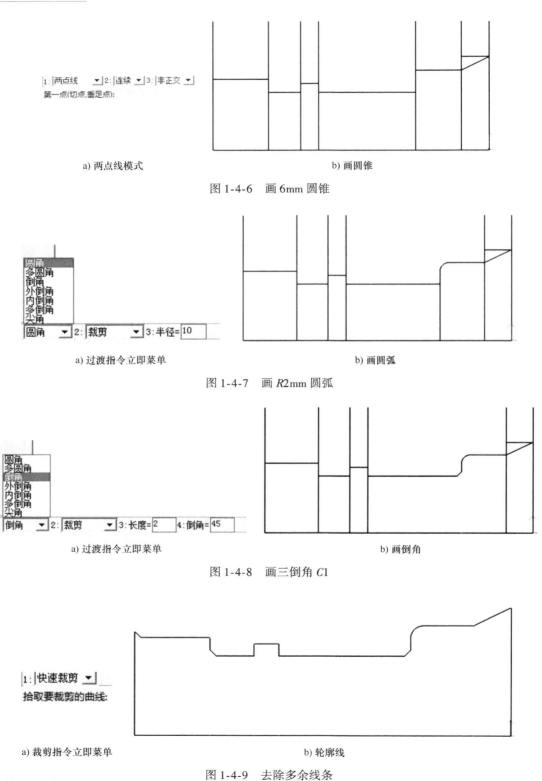

a) 两点线模式   b) 画圆锥

图 1-4-6   画 6mm 圆锥

a) 过渡指令立即菜单   b) 画圆弧

图 1-4-7   画 R2mm 圆弧

a) 过渡指令立即菜单   b) 画倒角

图 1-4-8   画三倒角 C1

a) 裁剪指令立即菜单   b) 轮廓线

图 1-4-9   去除多余线条

由于工艺要求自左端面粗精车削倒角 $C1$、$\phi32$mm 内孔、倒角 $C1$、$\phi26$mm 内孔至距离左端面 22mm 位置，所以再通过镜像指令 ⚠ 中的选择轴线模式（如图 1-4-10a 所示）将图像全部选中，如图 1-4-10b 所示。

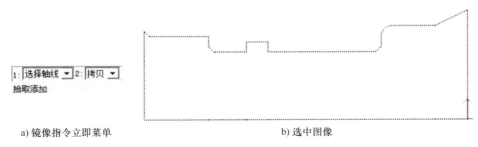

a) 镜像指令立即菜单　　　　　　　　　　　　b) 选中图像

图 1-4-10　通过镜像指令选中图像

再选择轴线将图像进行镜像，如图 1-4-11 所示。

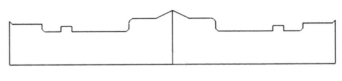

图 1-4-11　镜像

镜像完成后再通过平移指令 ✛ 中的给定两点模式（如图 1-4-12a 所示）将图形平移到坐标原点，如图 1-4-12b 所示。

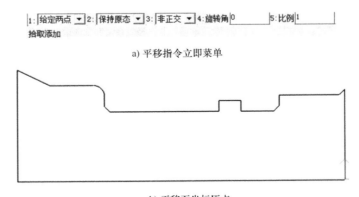

a) 平移指令立即菜单

b) 平移至坐标原点

图 1-4-12　平移图像

通过直线指令先把有槽的地方补齐，如图 1-4-13 所示。

用直线指令画出一条给定的毛坯限制线，如图 1-4-14 所示。

加工时图形一定要完全闭合，否则不能进行粗加工。

2. 粗加工

选择粗加工指令 ▤，合理设置各选项卡中的参数，见表 1-4-3，生成零件的粗加工轨迹。

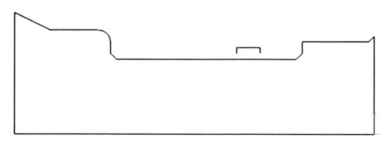

图 1-4-13　补齐有槽的地方

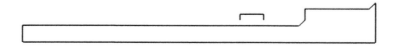

图 1-4-14　毛坯限制线

表 1-4-3　粗车参数表设置

选项卡	参数设置	说　明
加工参数		加工表面类型选择"内轮廓" 切削行距 1.5mm 加工精度 0.01mm 径向余量 0.02mm 径向余量和轴向余量为精加工时留的加工余量，如无精加工，均填 0mm
进退刀方式		每行相对毛坯进刀方式选择"垂直" 每行相对毛坯退刀方式选择"垂直" 每行相对加工表面进刀方式选择"垂直" 每行相对加工表面退刀方式选择"垂直" 快速退刀距离根据图样和刀具参数选择

（续）

选项卡	参数设置	说　明
切削用量		进退刀时快速走刀选择"否" 接近速度 70mm/min 退刀速度 2000mm/min 进刀量 100mm/min 主轴转速选择"恒转速"，输入 900rpm
轮廓车刀		刀具参数根据选用的刀具填写

确定后拾取被加工工件表面轮廓，如图 1-4-15 所示，拾取完被加工工件表面轮廓后轮廓曲线变为虚线，并提示拾取毛坯轮廓，如图 1-4-16a 所示。

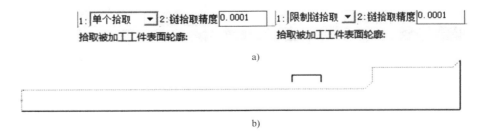

a)

b)

图 1-4-15　拾取表面轮廓

a) 拾取毛坯轮廓立即菜单   b) 拾取后的毛坯轮廓

图 1-4-16　拾取毛坯轮廓

同样方法拾取毛坯轮廓，如图 1-4-16b 所示，毛坯轮廓也变为虚线，提示拾取进退刀点，如图 1-4-17a 所示。镗孔的退刀点为（100，11），输入退刀点（100，11）（如图1-4-17b所示）后单击"Enter"键即可生成刀具轨迹，如图 1-4-17c 所示。

a) 拾取进退刀点   b) 输入进退刀点

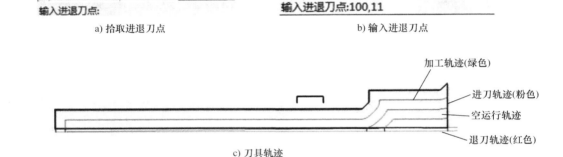

加工轨迹(绿色)
进刀轨迹(粉色)
空运行轨迹
退刀轨迹(红色)

c) 刀具轨迹

图 1-4-17　生成刀具轨迹

3. 精加工

选择精加工指令 ，合理设置各精加工参数并生成精加工程序，参数设置说明参考表 1-4-4。

表 1-4-4　精车参数表设置

选项卡	参数设置	说　明
加工参数		精加工时主要改变以下切削参数： 加工表面类型选择"内轮廓" 切削行距 1mm 加工精度 0.01mm 径向余量和轴向余量改为 0mm

（续）

选项卡	参数设置	说　明
进退刀方式	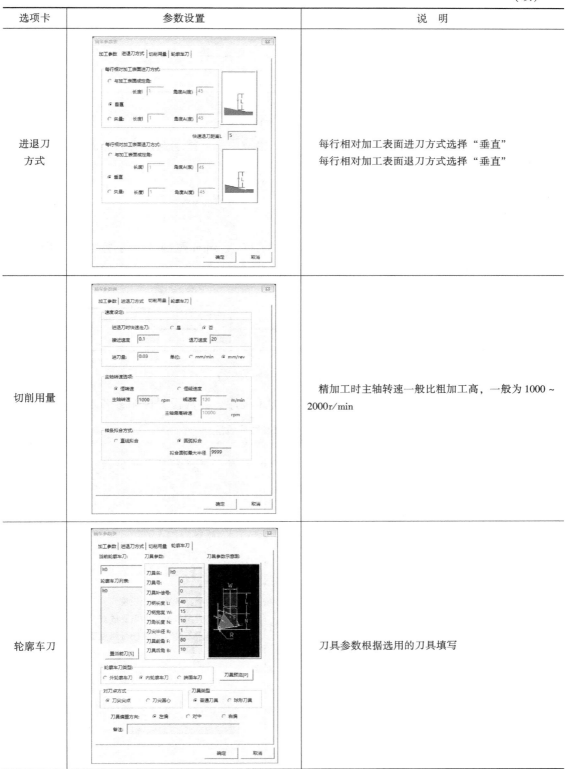	每行相对加工表面进刀方式选择"垂直" 每行相对加工表面退刀方式选择"垂直"
切削用量		精加工时主轴转速一般比粗加工高，一般为 1000 ~ 2000r/min
轮廓车刀		刀具参数根据选用的刀具填写

在精车时不需要拾取毛坯轮廓，只需拾取零件轮廓曲线，如图 1-4-18 所示。

图 1-4-18　零件轮廓

确定后提示选择拾取被加工工件表面轮廓，拾取轮廓后提示选择拾取进退刀点，进退刀点选择与粗加工一致。

在以上设置下选择轮廓线即可生成精加工轮廓线。

4. 切槽

依照工艺加工外圆后加工外切槽，将切削内孔一处 5mm 宽键槽。将刚画好的图形槽的部分补齐，如图 1-4-19 所示。

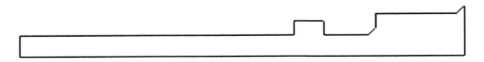

图 1-4-19　补齐槽的部分

选择切槽指令 ，设置切槽参数，并生成加工程序。参数设置说明参考表 1-4-5。

表 1-4-5　切槽参数表设置

选项卡	参数设置	说　明
切槽加工参数		切槽表面类型选择"内轮廓" 加工工艺类型根据实际需要选择 如工艺要求不高，则只进行粗加工

（续）

选项卡	参数设置	说　明
切削用量		进退刀时快速走刀选择"否" 接近速度 30mm/min 退刀速度 1000mm/min 进刀量 40mm/min 主轴转速选择"恒转速"，输入 800rpm
切槽刀具		刀具参数根据选用的刀具填写

选择切槽指令，确定后拾取槽轮廓（如图 1-4-20a 所示），拾取后提示拾取进退刀点，进退刀点依照粗加工进退刀点选择。

a) 拾取表面轮廓　　　　b) 拾取轨迹

图 1-4-20　切槽

依照表 1-4-5 更改参数后拾取轨迹如图 1-4-20b 所示。

在切削异形槽时更改粗加工行距（如图 1-4-21a 所示），生成轨迹，如图 1-4-21b 所示。

5. 工艺掉头

掉头装夹，夹持 φ58mm 位置，预留 30mm。

自右端面粗精车长为 6mm 圆锥、φ36mm 内孔、圆弧 R2mm、倒角 C1、φ26mm 内孔至距离右端面 38mm 位置。

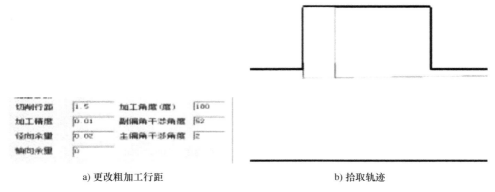

a) 更改粗加工行距　　　　　　　　　　　　b) 拾取轨迹

图 1-4-21　切削异形槽

车削 M26×1 螺纹。

粗加工镗孔，参数参考表 1-4-3，生成的加工轨迹如图 1-4-22 所示。

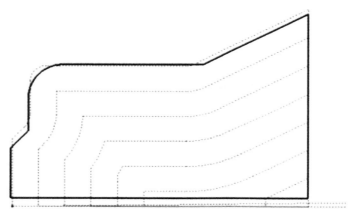

图 1-4-22　粗加工轨迹

精加工镗孔，参数参考表 1-4-4，生成的加工轨迹如图 1-4-23 所示。

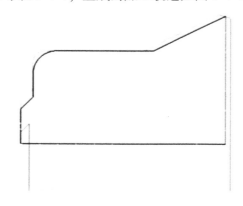

图 1-4-23　精加工轨迹

运用车螺纹指令 ，设置螺纹参数并生成加工程序。螺纹参数说明参考表 1-4-6。

表1-4-6 螺纹参数表设置

选项卡	参数设置	说　明
螺纹参数	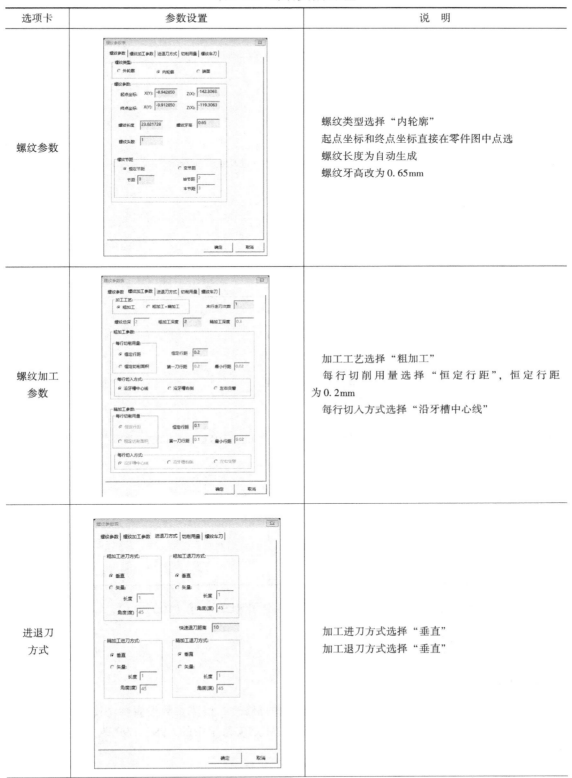	螺纹类型选择"内轮廓" 起点坐标和终点坐标直接在零件图中点选 螺纹长度为自动生成 螺纹牙高改为0.65mm
螺纹加工参数		加工工艺选择"粗加工" 每行切削用量选择"恒定行距",恒定行距为0.2mm 每行切入方式选择"沿牙槽中心线"
进退刀方式		加工进刀方式选择"垂直" 加工退刀方式选择"垂直"

（续）

选项卡	参数设置	说　明
切削用量		进刀量60mm/min
螺纹车刀		刀具参数根据选用的刀具填写

更改参数后确定提示拾取进退刀点，依照内镗孔粗车即可（100，11）。

三、生成 G 代码

1. 机床类型设置

单击按钮▣，可选择一个已存在的机床并进行修改。机床参数设置参考图1-4-24。

依照机床系统编程修改机床参数，将 HUAZHONG 系统中的 G98、G99 改为 G94 和 G95，确定即可。

2. 后置设置

选择菜单命令"数控车"→"后置设置"或单击按钮 ▣，系统弹出后置处理设置对话框，如图1-4-25所示。用户可按自己的需要更改已有机床的后置设置。按"确定"按钮可将用户的更改保存，"取消"则放弃更改。

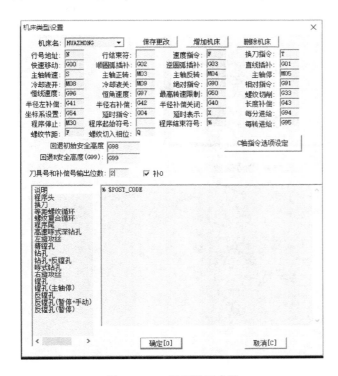

图1-4-24　机床设置参数

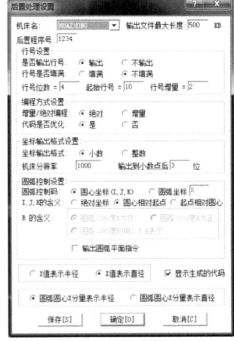

图1-4-25　后置处理设置参数

3. G 代码生成

单击代码生成按钮 ▣，生成 G 代码。生成后置代码参数参考图1-4-26。

选择相应数控系统，确定后提示拾取刀具轨迹，鼠标左键单击所要生成的轨迹后右键确定即可生成 G 代码，如图1-4-27所示。生成 G 代码后保存在指定文件夹内。

四、零件加工

1）机床的选择：选择华中系统数控车床。
2）刀具、量具的准备：按照工艺要求准备相应的刀具及量具。
3）文件传输：可任选一种方法传输。
4）试切法对刀。
5）程序校验。
6）利用已上传的程序加工。

内轮廓零件
加工实例

图 1-4-26　生成后置代码参数

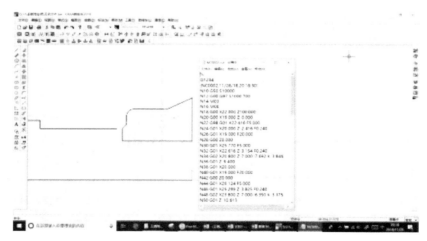

图 1-4-27　加工程序

知识拓展：

了解 CAXA 数控车软件中内轮廓零件的加工方式。根据所学内容研究如何生成内轮零件的加工轨迹，如何在数控车床上加工此类零件。

任务五　车削类零件综合建模与加工实例

任务导引：

在已学习加工轴类零件外圆、槽、螺纹、内轮廓特征的基础上，通过本任务，强化轴上各特征知识点的应用，使学生熟练掌握各特征参数设置及加工方法，能够依据下发任务单独立完成轴类中等复杂零件的自动编程与加工任务。

车削类零件综合加工任务单见表1-5-1。

表1-5-1 车削类零件综合加工任务单

学习工作任务书			编号：05
课程名称	三维建模与加工	建议学时	10
任务名称	车削类零件综合建模与加工实例	工作日期	
班　级	姓名	学号	组别

一、任务描述	二、工作目的
根据给出的车削类零件图样，安排合理加工工艺路线，完成工艺卡片的填写，应用CAXA数控车软件进行零件的建模与G代码的生成，最后在数控机床上完成零件的实体加工	1）能够正确解读零件图 2）能够根据零件图分析出正确加工工艺路线 3）熟练掌握轴类零件各种特征的建模方法 4）熟练掌握轴类零件各种特征的加工参数设置 5）熟练掌握数控车床的操作要领

三、学习任务

1）图样分析：通过阅读图样分析出零件具备的几何特征

① 外圆特征	② 内孔特征
③ 槽特征	④ 倒角特征
⑤ 螺纹特征	

2）工艺分析：依照图样，通过分析拟定加工工艺路线

① 车削右侧端面	② 粗、精车削外圆 $\phi59$mm
③ 切削外圆两处5mm宽键槽	④ 粗、精车削内孔 $\phi39$mm、$\phi34$mm
⑤ 车削右侧 $\phi32$mm 内槽	⑥ 车削 M30×1.5 内螺纹
⑦ 掉头装夹	⑧ 车削端面
⑨ 粗、精车外圆 $\phi46$mm、$\phi59$mm	⑩ 车削 $\phi32$mm 内槽
⑪ 车削 M27×2 内螺纹	

3）加工过程中需要用到的刀具

① 外圆车刀	② 切槽刀
③ 内螺纹刀	④ 内孔刀
⑤ 内沟槽刀	

4）加工过程中主要参数设置

① 粗、精车内、外轮廓主轴转速____	② 粗、精车内、外轮廓切削行距____
③ 粗、精车内、外轮廓径向余量____、轴向余量____	④ 粗、精车内、外轮廓主轴进给____
⑤ 切槽步距____	⑥ 切槽切削深度____

5）在计算机上完成图样中给定零件的自动编程，生成G代码。

6）在数控机床上完成零件的实体加工。

任务实施：

具体任务实施分为四步骤：图样工艺分析、软件建模及加工参数设置、生成 G 代码、零件加工。

一、图样工艺分析

加工零件图如图 1-5-1a 所示，实体造型图如图 1-5-1b 所示。

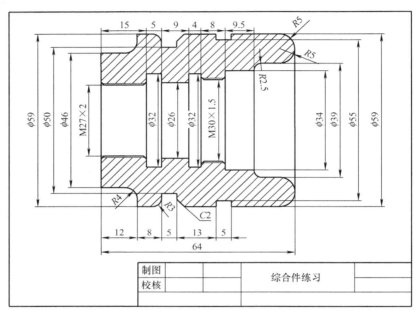

a) 加工零件图

b) 加工零件实体造型图

图 1-5-1　加工零件

1. 工艺准备

1) 给定毛坯：$\phi60$mm $\times66$mm 45 钢。

2) 在 $\phi60$mm 毛坯任意端面打中心孔。

3) 在毛坯轴心钻 $\phi23$mm 直径通孔。

4) 夹持毛坯，预留长度 50mm。

车削类零件
右端建模视频

2. 工艺分析

1）车削右侧端面，总长留余量 0.5mm。

2）粗车削外圆 R5mm、ϕ59mm 直径至 45mm 位置，留余量 0.5mm。

3）精车削外圆 R5mm、ϕ59mm 直径至 45mm 位置。

4）切削外圆两处 5mm 宽键槽、切削槽一侧倒角 C2。

5）粗车削内孔 R5mm、ϕ39mm、R2.5mm、ϕ34mm、M30 至 ϕ26mm 位置，ϕ26mm 车削至总长 49mm，留余量 0.5mm。

车削类零件
左端建模视频

6）精车削内孔 R5mm、ϕ39mm、R2.5mm、ϕ34mm、M30 至 ϕ26mm 位置，ϕ26mm 车削至总长 49mm。

7）车削右侧 ϕ32mm 内槽。

8）车削 M30×1.5 内螺纹。

车削类零件综
合实例加工工艺

9）掉头装夹，夹持 ϕ59mm 位置，预留 30mm。

10）车削端面至总长。

11）粗车外圆 ϕ46mm、R4mm 及 ϕ59mm 至 17mm，留余量 0.5mm。

12）精车外圆 ϕ46mm、R4mm 及 ϕ59mm 至 17mm。

13）粗精车削内孔 M27 位置，车削内孔孔径至 ϕ25.15mm，车削长度 >15mm。

14）车削 ϕ32mm 内槽。

15）车削 M27×2 内螺纹。

加工工艺卡见表 1-5-2。

表 1-5-2　加工工艺卡

工　艺　过　程　卡　片				零件名称	轴套	零件编号	05	共 1 页	第 1 页
材料牌号	45	毛坯种类	钢	毛坯尺寸	ϕ60mm×66mm	设备名称	数控车床	设备型号	CKA 40100vl
工序号	工序名称	工　序　内　容		刀具	加　工　参　数			工时 /min	
					主轴转速 /(r/min)	进给量 /(mm/min)	背吃刀量 /mm		
1	备料	毛坯：ϕ60mm×66mm 45 钢							
2	工艺准备	端面打中心孔，轴心钻 ϕ23mm 直径通孔		ϕ23mm 麻花钻	400	20		2	
3	车端面	车削右侧端面，总长留余量 0.5mm		外圆粗车刀	1000	40	1	2	
4	粗车外圆	粗车削外圆 R5mm、ϕ59mm 直径至 45mm 位置，留余量 0.5mm		外圆粗车刀	1000	200	1.8	3	
5	精车外圆	精车削外圆 R5mm、ϕ59mm 直径至 45mm 位置		外圆精车刀	1500	80	0.2	1	
6	切削宽键槽	切削外圆两处 5mm 宽键槽		切槽刀	800	40	3	5	

（续）

工序号	工序名称	工 序 内 容	刀具	加 工 参 数			工时/min
				主轴转速/(r/min)	进给量/(mm/min)	背吃刀量/mm	
7	粗车内孔	粗车削内孔 R5mm、φ39mm、R2.5mm、φ34mm、M30、φ26mm，车削至总长49mm，留余量 0.5mm	内孔粗车刀	1000	80	2	5
8	精车削内孔	精车削内孔 R5mm、φ39mm、R2.5mm、φ34mm、M30、φ26mm，车削至总长49mm	内孔精车刀	1300	60	0.2	2
9	车内槽	车削右侧 φ32mm 内槽	内切槽刀	700	40	3	2
10	车螺纹	车削 M30×1.5 内螺纹	内螺纹车刀	500		0.3	3
11	掉头装夹	夹持 φ59mm 位置，预留 30mm					5
12	车端面	车削端面至总长	外圆粗车刀	1000	40	1	2
13	粗车外圆	粗车外圆 φ46mm、R4mm 及 φ59mm 至 17mm，留余量 0.5mm	外圆粗车刀	1000	200	1.8	2
14	精车外圆	精车外圆 φ46mm、R4mm 及 φ59mm 至 17mm	外圆精车刀	1500	80	0.2	1
15	粗精车削内孔	粗精车削内孔 M27 位置，车削内孔孔径至 φ25.15mm，车削长度 >15mm	内孔粗/精车刀	1000/1300	80/60	2/0.2	4
16	车内槽	车削 φ32mm 内槽	内切槽刀	700	40	3	2
17	车螺纹	车削 M27×2 内螺纹	内螺纹车刀	500		0.3	3
编制		日期	校核	日期	审核	日期	

二、软件建模及加工参数设置

本任务中我们需要的绘图指令主要有直线命令 /、等距指令 ㄱ、倒角指令 ／ 及裁剪指令 ㄨ。直线指令下主要使用两点线模式（如图 1-5-2a 所示），此命令下可以画两点之间线段，如 A、B 两点之间线段（如图 1-5-2b 所示）。还可以通过直线指令→连续→正交→点方式（如图 1-5-2c 所示）或直线指令→连续→正交→长度方式→长度（如图 1-5-2d 所示）进行单一方向的线段绘制或绘制特定长度直线。等距指令包括单个拾取曲线模式（如图1-5-2e所示）和多曲线整体链拾取模式（如图1-5-2f所示）。倒角指令主要使用圆角模式（如图1-5-2g所示）及45°倒角模式（如图1-5-2h所示）。裁剪指令主要用于交线的裁剪。

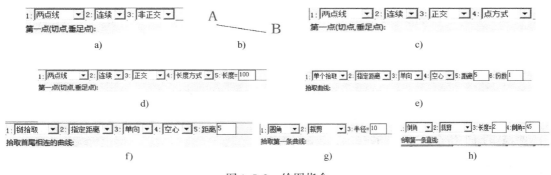

图 1-5-2　绘图指令

1. 外轮廓建模与加工参数设置

在正常加工状态，工件坐标系建立在 ↳（软件绘图界面零点位置），由右手笛卡尔定则判定零点坐标的上方方向为 +X 方向、向右方向为 +Z 方向，通常加工方向为 –Z 向，则建模是从 ↳ 位置向左侧绘制。依照工艺排序首先加工 $R5$mm 及 $\phi59$mm 直径至 45mm 位置，利用直线指令自零点 ↳ 向 +X 方向画 29.5mm 直线（如图 1-5-3a 所示），在直线末点继续向 –Z 方向画 44mm（如图 1-5-3b 所示）。在直角处使用倒角指令中的圆角模式画倒角（如图1-5-3c所示），画完后的结果如图 1-5-3d 所示。

a) 向+X方向画29.5mm直线

b) 向–Z方向画44mm直线

c) 画倒角

d) 画完后的结果

图 1-5-3　画 $R5$mm 及 $\phi59$mm 直径至 45mm 位置

绘制外圆加工轮廓，再绘制毛坯轮廓，如图 1-5-4 所示。

在生成轮廓过程中必须使加工轮廓和毛坯轮廓成为一个完整的闭合轮廓。若出现多出线段或者未闭合的线段，将无法使用粗加工，如图 1-5-5 所示。

2. 外轮廓粗车加工

选择粗加工指令 ▤，参数说明参见表 1-1-3 ~

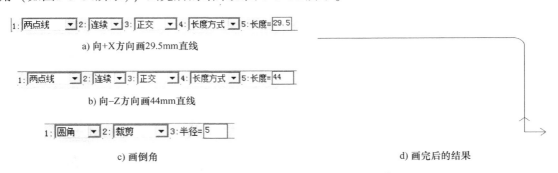

图 1-5-4　外圆加工轮廓及毛坯轮廓

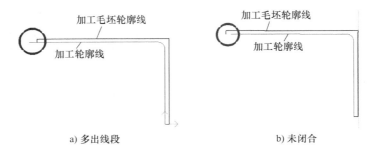

a) 多出线段   b) 未闭合

图 1-5-5   出现多出线段或未闭合的线段

表 1-1-6。

选择粗加工指令，更改粗车参数参考图 1-5-6。

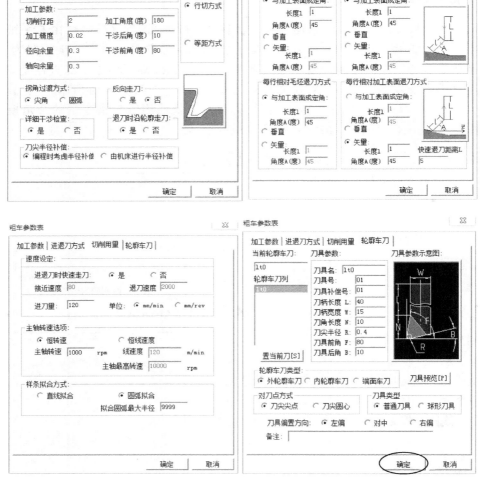

图 1-5-6   更改粗车参数

参数设置完成后，拾取被加工工件表面轮廓，如图1-5-7所示。

拾取完被加工工件表面轮廓后轮廓曲线变为虚线，并提示拾取毛坯轮廓，如图1-5-8所示。

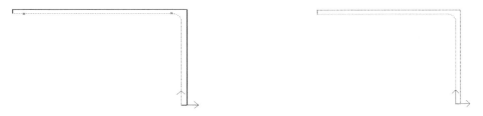

图1-5-7 拾取表面轮廓   图1-5-8 拾取毛坯轮廓

毛坯轮廓也变为虚线，提示拾取进退刀点。进退刀点选择在毛坯外侧一点，直径方向大于毛坯2～3mm，长度方向在+Z方向上大于毛坯2～3mm，此距离仅为参考，实际距离依照实物选择。本任务选择图1-5-9中A点。

鼠标左键单击A点位置，将生成加工轨迹线如图1-5-10所示。

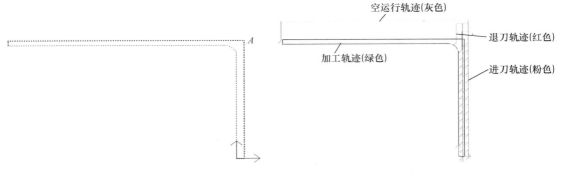

图1-5-9 选择进退刀点   图1-5-10 加工轨迹

3. 外轮廓精车加工

选择精加工指令 ![icon]，参数设置见表1-5-3。

表1-5-3 精车参数表设置

选项卡	参数设置	说 明
加工参数		相关参数可结合粗加工设置方法，依据实际加工需要进行合理设置

（续）

选项卡	参数设置	说　明
进退刀方式	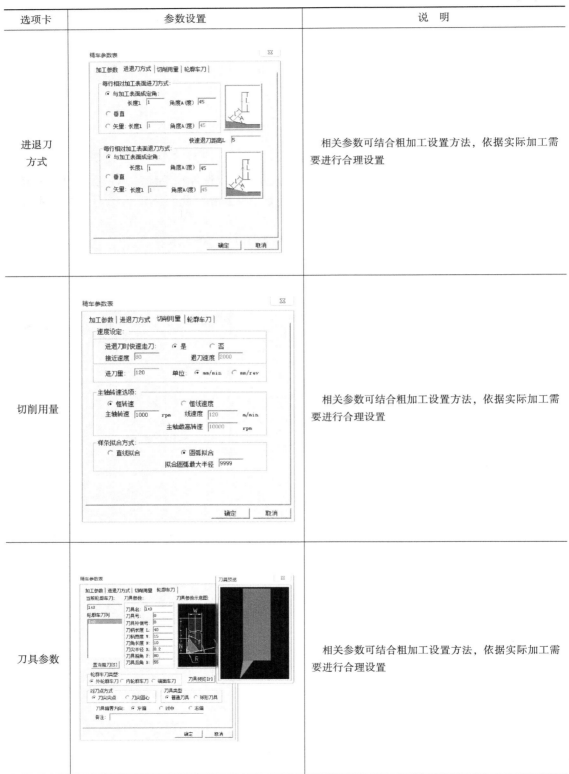	相关参数可结合粗加工设置方法，依据实际加工需要进行合理设置
切削用量		相关参数可结合粗加工设置方法，依据实际加工需要进行合理设置
刀具参数		相关参数可结合粗加工设置方法，依据实际加工需要进行合理设置

在精车时不需要拾取毛坯轮廓，只需拾取零件轮廓曲线，如图1-5-11所示。

选择精加工指令 确定后提示选择拾取被加工工件表面轮廓，拾取轮廓后提示拾取进退刀点，进退刀点选择与粗加工一致，精加工轮廓线如图1-5-12所示。

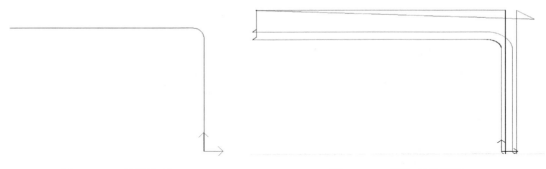

图1-5-11　零件轮廓　　　　　　　　　　图1-5-12　精加工轮廓线

4. 槽的建模与加工参数设置

依照工艺加工外圆后加工外切槽，将槽轮廓在模型中绘出。以最右侧线（X＝0）为基础，分别向－Z方向等距偏移21mm和44mm，再将两线向－Z方向各自偏移5mm，如图1-5-13所示。

将 ϕ59mm 直径线分别向下平移 2mm 和4.5mm，再将多余部分的线段裁剪掉并倒角 $C2$，建模图形如图1-5-14所示。

槽的加工选择切槽指令 ，参数设置参见表1-1-8。

切槽参数设置参考图1-5-15。选择切槽指令，确定后拾取槽轮廓，拾取后提示拾取进退刀点，进退刀点依照粗车进退刀点选择。

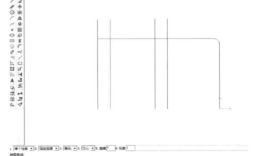

图1-5-13　等距、偏移

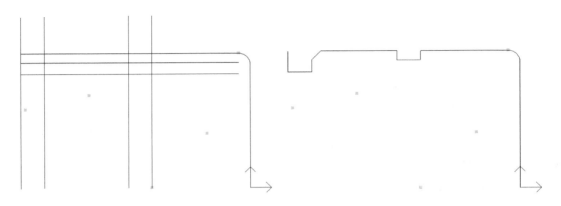

图1-5-14　建模图形

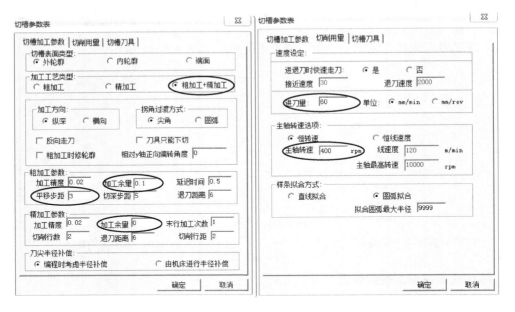

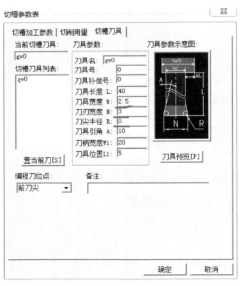

图 1-5-15　更改切槽参数

依照以上参数更改后选择拾取轨迹，如图 1-5-16 所示。

在切削异形槽时更改粗加工行距（见图 1-5-17a），生成轨迹，如图 1-5-17b 所示。

依照工艺加工本侧的内孔。将 φ59mm 外圆向 −X 方向偏移 10mm（如图 1-5-18a 所示），将 Z = 0 端面直线利用等距指令向 + Z 方向偏移 13.5mm（如图 1-5-18b 所示），利用同样方法绘制 φ34mm 位置。绘制 M30 ×

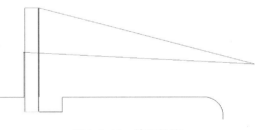

图 1-5-16　拾取轨迹

a) 更改粗加工行距　　　　　　　　　b) 拾取轨迹

图 1-5-17　切削异形槽

1.5 时将螺纹内径 $\phi27.8\text{mm}$ 作为直径。绘制倒角 $R5\text{mm}$、$R2.5\text{mm}$ 等位置。绘制完的结果如图 1-5-18c 所示。

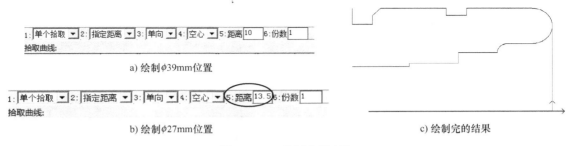

a) 绘制φ39mm位置

b) 绘制φ27mm位置　　　　　　　　c) 绘制完的结果

图 1-5-18　绘制本侧内孔

在粗加工中需要毛坯轮廓，内孔毛坯轮廓为 $\phi23\text{mm}$ 以上，如图 1-5-19 所示。

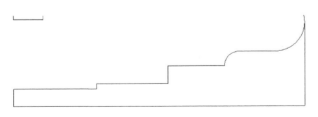

图 1-5-19　内孔毛坯轮廓

选择粗加工指令，将加工表面类型改为内轮廓，相应的刀具将变为内轮廓刀具。轨迹如图 1-5-20 所示。

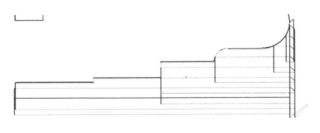

图 1-5-20　加工轨迹

选择内轮廓进退刀点时应选择在内孔毛坯以内，如图 1-5-21 中 A 点所示。精加工进退刀点与内孔粗加工一致。

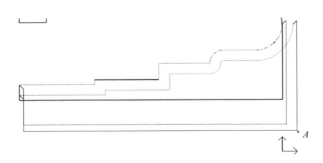

图 1-5-21　选择进退刀点

依照图样绘制内槽，如图 1-5-22 所示。

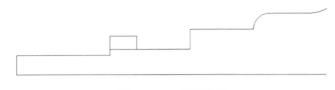

图 1-5-22　绘制内槽

选择切槽指令，将切槽指令中的切槽表面类型更改为内轮廓，选择加工轮廓生成加工轨迹，如图 1-5-23 所示。

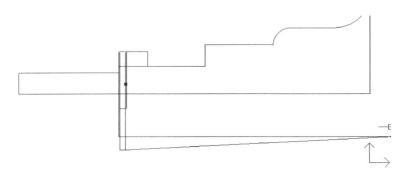

图 1-5-23　加工轨迹

5. 螺纹加工

依照工艺加工 M30×1.5 螺纹。

选择螺纹加工指令，螺纹参数设置参见表 1-3-5。

选择螺纹加工指令后提示拾取螺纹起始点，鼠标左键单击螺纹右侧端点，单击完成后提示拾取螺纹终点，鼠标左键单击螺纹左侧端点。选择后会弹出螺纹参数表对话框，依照所加工螺纹更改参数，如图 1-5-24 所示。

更改参数后确定提示拾取进退刀点，依照内孔粗车 A 点即可，如图 1-5-25 所示。

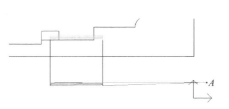

a) 更改前	b) 更改后

图1-5-24　更改螺纹参数　　　　　图1-5-25　拾取进退刀点

6. 工艺掉头

依据工艺安排，右侧加工完毕后取下零件，工艺掉头夹持，车削左侧轮廓部分，生成轨迹线，见表1-5-4。

工艺掉头微课

表1-5-4　零件左侧加工轨迹

加工特征	轮廓轨迹
粗加工外圆	
精加工外圆	
槽、$R4$mm、倒角加工	

（续）

加工特征	轮廓轨迹
车削内孔	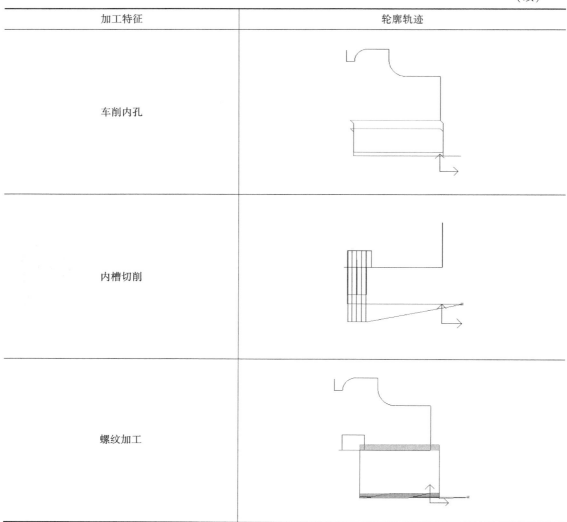
内槽切削	
螺纹加工	

注：加工参数设置参考掉头前已加工特征参数设置。

三、生成 G 代码

1. 机床类型设置

单击按钮，可选择一个已存在的机床并进行修改。将 HUAZHONG 系统中的 G33 改为 G32，将节距 K 改为 F，确定即可，如图 1-5-26 所示。

2. 后置处理设置

选择菜单命令"数控车"→"后置设置"或单击按钮，系统弹出后置处理设置对话框，如图 1-5-27 所示。用户可按自己的需要更改已有机床的后置设置。单击"确定"按钮可将用户的更改保存，"取消"则放弃更改。

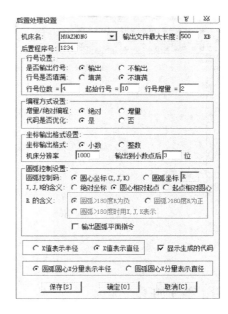

图 1-5-26　机床类型设置　　　　　　　　　　图 1-5-27　后置处理设置

3. G 代码生成

单击代码生成按钮 ，生成 G 代码，如图 1-5-28 所示。

选择相应数控系统，确定后提示拾取刀具轨迹，鼠标左键单击所要生成的轨迹后右键确定即可生成 G 代码，如图 1-5-29 所示。生成 G 代码后保存在指定文件夹内。

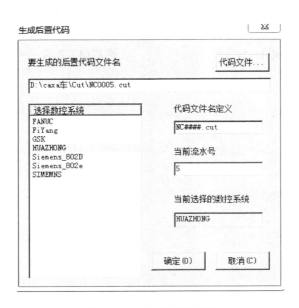

图 1-5-28　生成后置代码

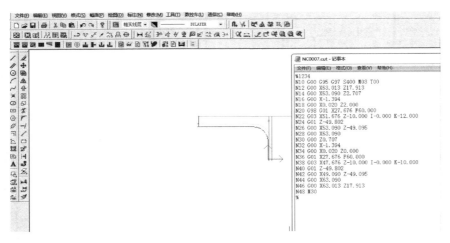

车削类零件
综合实例加工

图 1-5-29　加工程序

四、零件加工

机床选择沈阳 HTC20580Z，系统为华中系统。操作方法和步骤同模块一的任务一。

知识拓展：

了解 CAXA 数控车软件中径向钻孔加工方式、键槽加工方式。根据所学内容研究如何生成键槽轴零件的加工轨迹，如何在车铣复合加工中心机床上加工此类零件。

模块一任务五　　　　　　数控加工之纲——安全文明生产

2 模块二

铣削类零件CAM建模与加工

本模块主要讲解基于 CAXA 制造工程师软件的铣削类零件加工编程，注重软件知识点与数控操作实践的紧密结合，内容上着重围绕典型铣削类零件的数控加工工艺分析、软件编程与机床数控加工的真实情境与过程，选取五个典型实例，包含内轮廓、外轮廓、孔、平面、斜面、普通曲面、异型曲面等特征，基本涵盖普通铣削类零件的所有特点，较为详细地讲解从编程到加工的全过程。

任务一 多轮廓分层零件建模与加工实例

任务导引：

CAXA 制造工程师软件的平面轮廓加工属于二轴加工方式（二维加工），主要用于加工封闭和非封闭的轮廓，但运用它的一些特点也可以进行某些简单的二轴半加工（三维加工），我们先在制造工程师软件中画出加工轨迹平面图，然后自动生成刀具轨迹，生成加工代码（也就是 G 代码），并通过轨迹仿真来观察所生成的刀具轨迹是否符合要求。通过本任务的加工练习，强化铣削类零件轮廓加工知识点的应用，熟练掌握各特征参数设置及加工方法，使学生能够依据下发的任务单，独立完成轮廓加工的自动编程与加工的任务。

多轮廓分层零件加工任务单见表 2-1-1。

表 2-1-1 多轮廓分层零件加工任务单

学习工作任务书				编号：06	
课程名称	三维建模与加工		建议学时	8	
任务名称	多轮廓分层零件建模与加工实例		工作日期		
班　级		姓名	学号		组别
一、任务描述			二、工作目的		
根据给出的铣削类零件图样，安排合理加工工艺路线，完成工艺卡片的填写，应用 CAXA 制造工程师软件进行零件的三维建模与 G 代码的生成，最后在数控机床上完成零件的实体加工			1）能够正确解读零件图 2）能够根据零件图分析出正确加工工艺路线 3）掌握内、外轮廓零件及孔系的基本加工工艺 4）熟练掌握铣削类零件各种特征的建模方法 5）熟练掌握轮廓加工方法的应用 6）熟练掌握数控铣床的操作要领			

（续）

学习工作任务书	编号：06

三、学习任务

1）图样分析：通过阅读图样分析零件具备的几何特征

① 凸台	② 圆弧
③ 平面轮廓	

2）工艺分析：依照图样，通过分析拟定加工工艺路线

① 装夹	② 平上表面
③ 型体粗加工	④ 型体精加工
⑤ 外轮廓精加工	⑥ 内轮廓精加工
⑦ 孔精加工	

3）加工过程中需要用到的刀具

① 立铣刀	② 盘刀

4）加工过程中主要参数设置

① 平上表面主轴转速____	② 型体粗加工主轴转速____
③ 型体粗加工层高____、行距____	④ 型体精加工主轴转速____
⑤ 型体精加工层高____、行距____	

5）在计算机上完成图样中给定零件的自动编程，生成 G 代码
6）在数控铣床上完成零件的实体加工

任务实施：

具体任务实施分为四步骤：图样工艺分析、软件建模与轨迹生成、生成 G 代码和零件加工。

一、图样工艺分析

多轮廓分层零件图如图 2-1-1 所示，实体造型如图 2-1-2 所示。

1. 工艺准备

给定毛坯：100mm×100mm×20mm 45 钢。

2. 工艺分析

1）型体粗加工，应用等高线粗加工方法加工零件所有轮廓，去除大部分材料，加工余量 0.15mm。

2）型体精加工，针对零件型体特征分为外轮廓、内轮廓和孔，加工方法使用平面轮廓精加工，从外到内，依次拾取加工。

多轮廓分层
零件加工工艺

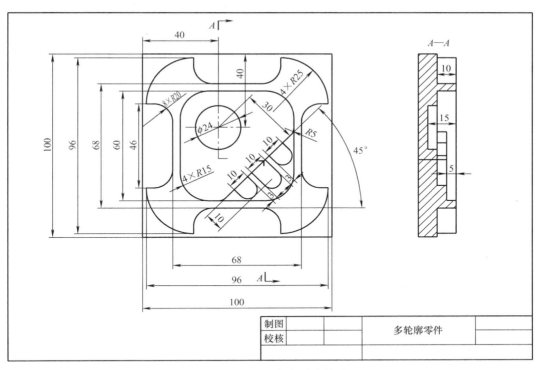

图 2-1-1　多轮廓分层零件图

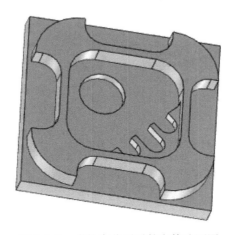

图 2-1-2　多轮廓分层零件实体造型图

3. 知识链接

1）等高线粗加工零件。等高线加工针对曲面和实体，其刀具路径在同一高度内按等高线距离围绕曲线切削，逐渐降层进行加工，并可对加工不到的部分（较平坦部分）做补加工，属于 2.5 轴加工方式，适于大部分直壁或者斜度较大的侧壁的精加工和半精加工。通过限制高度值，只对某个深度区域进行清角加工或者通过限制切削范围对某个角落进行清角加工等。

2）平面轮廓精加工零件。平面轮廓精加工适用于 2 轴或 2.5 轴精加工，不必有三维模型，只要给出零件的外轮廓和岛屿，就可以生成加工轨迹；支持具有一定起模斜度的轮廓轨迹生成，可以为每次的轨迹定义不同的余量；生成轨迹速度较快，加工时间较短。

加工工艺卡见表 2-1-2。

表 2-1-2　加工工艺卡

工 艺 过 程 卡 片				零件名称	多轮廓分层零件	零件编号	06	共 1 页	第 1 页
材料牌号	45	毛坯种类	钢	毛坯尺寸	100mm×100mm ×20mm	设备名称	数控铣床	设备型号	XD-40
工序号	工序名称	工 序 内 容		刀具	加 工 参 数			工时 /min
					主轴转速 /(r/min)	进给量 /(mm/min)	背吃刀量 /mm	
1	备料	毛坯：100mm × 100mm × 20mm 45 钢						
2	装夹	工件装夹、找正						2
3	平上表面	铣削厚度大约 0.5mm，保证毛坯上表面全部见光		盘铣刀	1000	800	0.5	2
4	换刀	换成 φ10mm 粗加工立式铣刀		立式铣刀				15
5	型体粗加工	应用等高线粗加工方法，去除大部分余量		φ10mm 立式铣刀	2000	900	5	30
6	换刀	换成 φ8mm 精加工立式铣刀						1
7	外轮廓精加工	应用轮廓精加工方法，去除零件外轮廓余量		φ8mm 立式铣刀	4000	400		10
8	内轮廓精加工	应用轮廓精加工方法，去除零件内轮廓余量		φ8mm 立式铣刀	4000	400		10
9	孔精加工	应用轮廓精加工方法，去除零件孔的余量		φ8mm 立式铣刀	4000	400		5
编制		日期	校核		日期	审核		日期	

数控铣刀简介

多轮廓分层
零件建模视频

二、软件建模与轨迹生成

1. 多轮廓分层零件实体造型

利用曲线、曲面及特征工具，根据图2-1-1所示尺寸生成图2-1-2所示的多轮廓分层零件实体造型。

具体步骤如下：

创建草图：新建一个制造文件，打开特征管理面板，选择平面XY，右键，创建草图，如图2-1-3所示。

新建草图下绘制图形：利用直线、矩形、倒角等指令，依照图样中尺寸绘制图形，如图2-1-4所示。

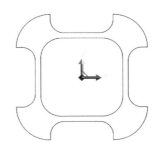

图2-1-3　创建草图

图2-1-4　草图下绘制图形

生成实体：利用拉伸增料功能向 −Z 方向拉伸10mm，如图2-1-5所示。

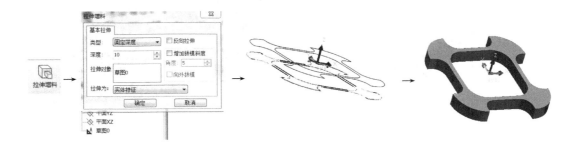

图2-1-5　生成实体

创建草图：选择以上实体下平面即 Z = −10mm 位置，右键或按"F2"键创建草图，如图2-1-6所示。

绘制矩形：绘制 100mm × 100mm 矩形，如图2-1-7所示。

生成实体：利用拉伸增料功能向 −Z 方向拉伸10mm，如图2-1-8所示。

绘制U形槽：在 Z = −10mm 平面位置创建草图，依照图样中尺寸绘制图形，向 +Z 方向拉伸5mm生成实体，如图2-1-9所示。

绘制 ϕ24mm 孔：在 Z = −10mm 平面位置创建草图，参照图样绘制 ϕ24mm 圆并利用拉伸除料功能生成实体，如图2-1-10所示。

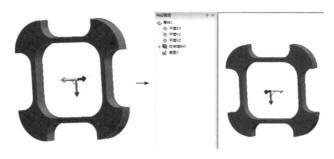

图 2-1-6　创建草图

图 2-1-7　绘制矩形

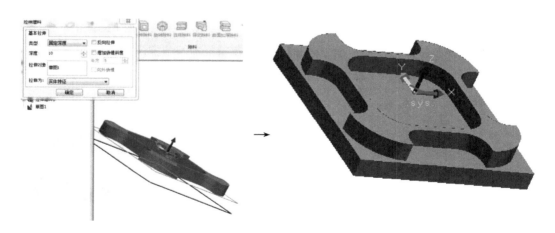

图 2-1-8　生成实体

2. 建立毛坯

打开轨迹管理面板→双击管理树中的毛坯→选中参考模型项→单击"参照模型"按钮→单击"确定"按钮,即可生成毛坯,如图 2-1-11 所示。

3. 生成多轮廓分层粗加工轨迹

利用等高线粗加工命令,合理设置各选项卡中的参数,见表 2-1-3,生成零件的粗加工轨迹,结果如图 2-1-12 所示。

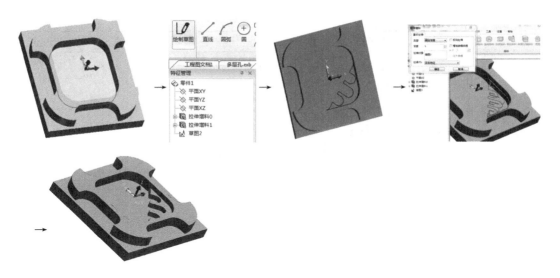

图 2-1-9　绘制 U 形槽

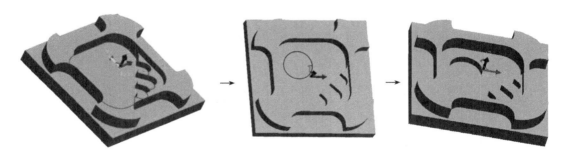

图 2-1-10　生成实体

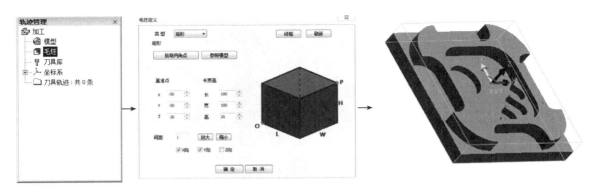

图 2-1-11　生成毛坯

步骤：![等高线精加工]→设置参数后确定→选择两曲面→右键确认直至计算完成，轨迹生成。

表 2-1-3　等高线粗加工参数设置

选项卡	参数设置	说　明
加工参数		★★重要选项卡 相关参数可结合实际加工需要进行合理设置 参考值：最大行距 1.3mm、残留高度 0.1mm、层高 5mm、加工余量 0.15mm
区域参数		★重要选项卡 相关参数可结合实际加工需要进行合理设置 经常更改变量：加工边界（刀具中心位于加工边界：重合、内侧、外侧）、高度范围（根据型体深度而定）
连接参数		☆辅助选项卡 相关参数可结合实际加工需要进行合理设置 经常更改变量：连接方式（接近/返回、行间连接、层间连接、区域间连接）、下刀方式（直线、螺旋、往复、沿轮廓）、安全高度（50~100mm）
干涉检查		☆辅助选项卡 相关参数可结合实际加工需要进行合理设置 一般采用默认值即可

（续）

选项卡	参数设置	说　明
切削用量		★★★重要选项卡 相关参数可结合实际加工需要进行合理设置 参考值：主轴转速 2000r/min、慢速下刀速度 1000mm/min、切入切出连接速度 800mm/min、切削速度 1000mm/min、退刀速度 5000mm/min
坐标系		与建模时坐标选定相关（一般默认即可）
刀具参数		★★★重要选项卡 相关参数可结合实际加工需要进行合理设置 参考值：刀具类型立铣刀、直径 10mm，其他一般默认值即可
几何		★★★重要选项卡 相关参数可结合实际加工需要进行合理设置 选取要加工的型体表面

图 2-1-12　等高线粗加工轨迹

4. 生成多轮廓分层精加工轨迹

利用平面轮廓精加工命令，合理设置各选项卡中的参数，见表 2-1-4，生成零件的精加工轨迹，结果如图 2-1-13 所示。

步骤：**平面轮廓精加工**→设置参数后确定→选择轮廓曲线→右键确认直至计算完成，轨迹生成。

表 2-1-4　平面轮廓精加工参数设置

选项卡	参数设置	说　明
加工参数		★★重要选项卡 相关参数可结合实际加工需要进行合理设置 参考值：偏移方向右偏、偏移类型 TO（ON -取消偏移、TO -使用半径偏移、PAST -使用直径偏移）、顶层高度 0mm、底层高度 -10mm、每层下降高度 -10mm、加工余量 0.05mm
接近返回		☆重要选项卡 相关参数可结合实际加工需要进行合理设置 经常更改变量：接近方式（直线、圆弧、强制），返回方式（直线、圆弧、强制）

（续）

选项卡	参数设置	说　明
下刀方式	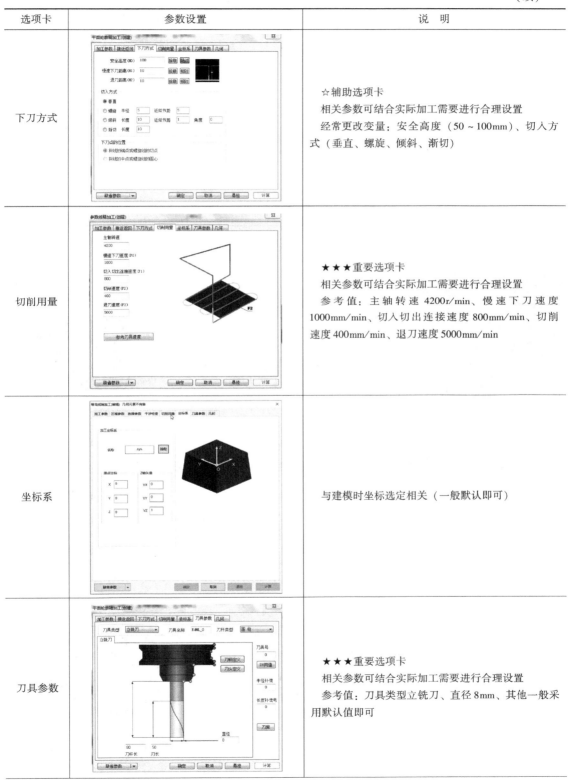	☆辅助选项卡 相关参数可结合实际加工需要进行合理设置 经常更改变量：安全高度（50～100mm）、切入方式（垂直、螺旋、倾斜、渐切）
切削用量		★★★重要选项卡 相关参数可结合实际加工需要进行合理设置 参考值：主轴转速 4200r/min、慢速下刀速度 1000mm/min、切入切出连接速度 800mm/min、切削速度 400mm/min、退刀速度 5000mm/min
坐标系		与建模时坐标选定相关（一般默认即可）
刀具参数		★★★重要选项卡 相关参数可结合实际加工需要进行合理设置 参考值：刀具类型立铣刀、直径 8mm、其他一般采用默认值即可

（续）

选项卡	参数设置	说　明
几何	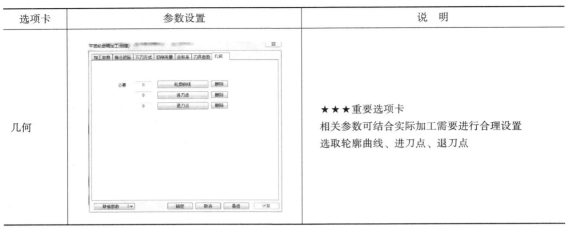	★★★重要选项卡 相关参数可结合实际加工需要进行合理设置 选取轮廓曲线、进刀点、退刀点

 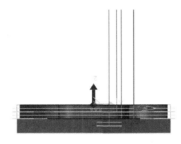 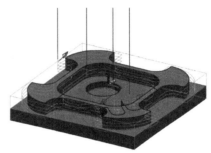

图 2-1-13　平面轮廓精加工轨迹

5. 多轮廓分层零件轨迹仿真

在加工管理树中左键单击刀具轨迹（共 2 条），右键选择实体仿真（如图 2-1-14 所示），即可在仿真环境下模拟加工（如图 2-1-15 所示），完成后退出仿真界面。

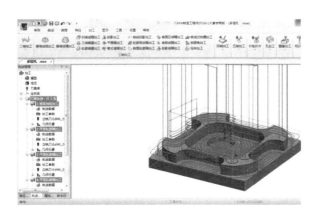

图 2-1-14　实体仿真路径

图 2-1-15　实体仿真界面

三、生成 G 代码

1. 机床配置文件

在轨迹管理面板中选中刀具轨迹→右键选择后置处理→设备编辑（如图 2-1-16 所示），对弹出的选择后置配置文件对话框（如图 2-1-17 所示）内容与实际机床情况做对比，如果与实际所用机床一致则退出即可，如果不一致则更改并另存后置配置文件（如图 2-1-18 所示）。

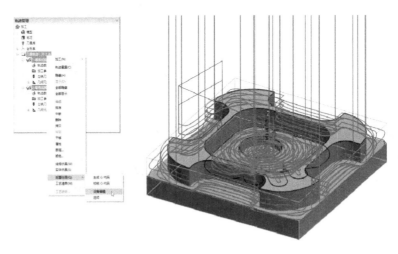

图 2-1-16　设备编辑路径

图 2-1-17　选择后置配置文件对话框

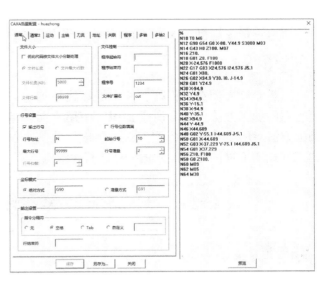

图 2-1-18　CAXA 后置配置对话框

2. 程序生成

在轨迹管理面板中选中刀具轨迹→右键选择后置处理→生成 G 代码，在弹出的生成后置代码对话框（如图 2-1-19 所示）中选择与实际相符的数控系统，单击"确定"按钮即可自动生成程序（如图 2-1-20 所示）。对于所生成的 G 代码，我们要结合所学专业知识，将程序头及程序尾进行审读，确定无误就可以复制至 U 盘，进行下一步的实际机床加工了。

图 2-1-19　生成后置代码对话框

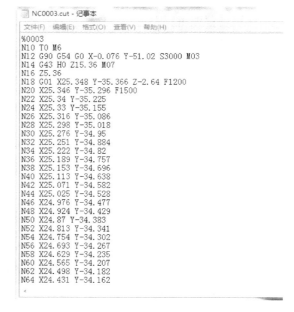

图 2-1-20　程序清单

四、零件加工

机床选择大连机床 XD－40，系统为华中系统。操作方法和步骤同模块一的任务一。

知识拓展：

熟悉 CAXA 制造工程师软件中等高线精加工、平面区域粗加工等其他平面轮廓的加工方法。结合所学知识，使用平面区域粗加工、等高线精加工等加工方法对所学零件进行加工轨迹生成，并仿真加工了解不同的粗加工、精加工方式加工零件的加工方式，总结其优缺点。

模块二任务一

任务二　斜坡凹模零件建模与加工实例

任务导引：

本任务涉及平面、斜面的软件刀具轨迹生成方法及相应的参数设置。通过本任务的学习，要求能够针对带有这几种特征的铣削类零件进行正确的工艺分析，掌握相应特征的参数设置及加工方法，能够依据加工任务单独立完成斜坡凹模零件的铣削加工。

斜坡凹模零件加工任务单见表 2-2-1。

表 2-2-1 斜坡凹模零件加工任务单

学习工作任务书		编号：07	
课程名称	三维建模与加工	建议学时	6
任务名称	斜坡凹模零件建模与加工实例	工作日期	
班 级	姓名	学号	组别

一、任务描述

　　根据给出的斜坡凹模零件图样，安排合理加工工艺路线，完成工艺卡片的填写，应用 CAXA 制造工程师软件进行零件的建模与 G 代码的生成，最后在数控机床上完成零件的实体加工

二、工作目的

1）能够正确解读零件图
2）能够根据零件图分析出正确加工工艺路线
3）熟练掌握斜坡凹模零件各种特征的建模方法
4）熟练掌握斜坡凹模零件各种特征的加工参数设置
5）熟练掌握数控铣床的操作要领

三、学习任务

1）图样分析：通过阅读图样分析斜坡凹模零件具备的几何特征

① 倾斜面特征	② 凹槽特征

2）工艺分析：依照图样，通过分析，拟定加工工艺路线

① 等高线粗加工完成零件整体粗加工	② 等高线精加工完成零件整体精加工

3）加工过程中需要用到的刀具

键槽铣刀	

4）加工过程中主要参数设置

① 粗、精铣铣削方法____	② 粗、精铣切削行距____
③ 粗、精铣主轴转速____	④ 粗、精铣主轴进给速度____

5）在计算机上完成图样中给定零件的自动编程，生成 G 代码
6）在数控机床上完成零件的实体加工

任务实施：

　　具体任务实施分为四步骤：图样工艺分析、软件建模与轨迹生成、生成 G 代码和零件加工。

一、图样工艺分析

斜坡凹模零件图如图 2-2-1 所示，其三维实体造型如图 2-2-2 所示。

1. 工艺准备

给定毛坯：100mm × 100mm × 20mm。

2. 工艺分析

1）等高线粗加工零件。任务一中已介绍，不再赘述。

2）等高线精加工零件。等高线精加工针对曲面和实体，其刀具路径在同一高度内按等高线距离围绕曲线切削，逐渐降层进行加工，并可对加工不到的部分（较平坦部分）做补

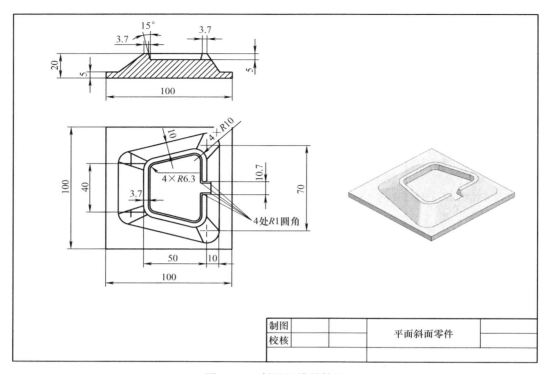

图 2-2-1　斜坡凹模零件图

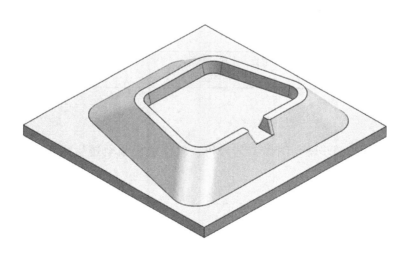

图 2-2-2　斜坡凹模零件三维实体造型

加工；属于 2.5 轴加工方式，适于大部分直壁或者斜度较大的侧壁的精加工和半精加工；通过限制高度值，只对某个深度区域进行清角加工或者通过限制切削范围对某个角落进行清角加工等。

加工工艺卡见表 2-2-2。

表 2-2-2　加工工艺卡

工 艺 过 程 卡 片				零件名称	斜坡凹模零件	零件编号	07	共1页	第1页
材料牌号	45	毛坯种类	锻钢	毛坯尺寸	100mm×100mm ×20mm	设备名称	数控铣床	设备型号	XD-40
工序号	工序名称	工 序 内 容		刀具	加 工 参 数				工时/min
					主轴转速/(r/min)	进给量/(mm/min)	背吃刀量/mm		
1	备料	毛坯：100mm×100mm× 20mm 45 钢							
2	装夹	工件装夹、找正							2
3	平上表面	铣削厚度大约 0.5mm，保证毛坯上表面全部见光		盘铣刀	1000	800	0.5		2
4	换刀	换成 φ10mm 粗加工立铣刀		立铣刀					3
5	轮廓粗加工	应用等高线粗加工方法，去除大部分余量		φ10mm 立铣刀	3000	800	1		18
6	换刀	换成 φ8mm 精加工立铣刀							
7	轮廓精加工	应用轮廓精加工方法，去除零件外轮廓余量		φ8mm 立铣刀	2500	1000	1		8
8	检验								
编制		日期		校核	日期		审核	日期	

二、软件建模与轨迹生成

1. 生成斜坡凹模零件的实体造型

利用特征生成工具，根据图 2-2-1 所示尺寸生成图 2-2-2 所示的斜坡凹模零件的实体造型。

具体步骤如下：

（1）利用拉伸增料命令创建底板部分

创建基准平面：利用基准面工具创建与 XY 平面平行且沿 Z 轴负向距离为 20mm 的基准平面，如图 2-2-3 所示。

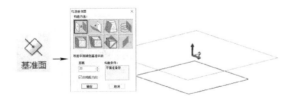

图 2-2-3　创建基准平面

斜坡凹模零件底板创建

创建底座：选择上一步创建的基准平面创建草图，以坐标中心为形心绘制 100mm × 100mm 的矩形，利用拉伸增料命令，沿 Z 轴正向拉伸厚度为 5mm 的底座，如图 2-2-4 所示。

图 2-2-4　创建底座

（2）利用放样增料命令创建凸台部分

创建放样草图 1：选择底板上表面创建草图 1，按零件图绘制轮廓，如图 2-2-5 所示。

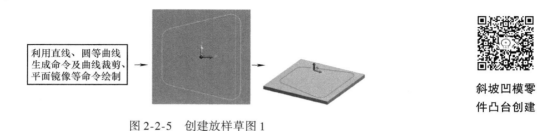

利用直线、圆等曲线生成命令及曲线裁剪、平面镜像等命令绘制

图 2-2-5　创建放样草图 1

斜坡凹模零件凸台创建

创建放样草图 2：选择 XY 平面创建草图 2，按零件图绘制轮廓，如图 2-2-6 所示。

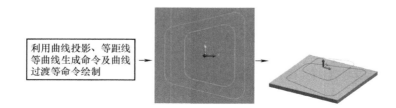

利用曲线投影、等距线等曲线生成命令及曲线过渡等命令绘制

图 2-2-6　创建放样草图 2

创建放样增料：利用放样增料命令创建由放样草图 1 与放样草图 2 所构成的放样实体，如图 2-2-7 所示。

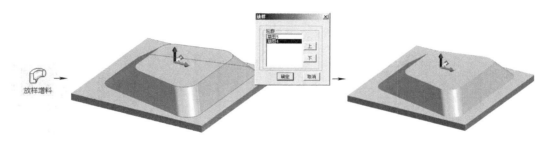

图 2-2-7　创建放样增料

（3）利用拉伸除料命令创建凹槽部分

选上一步的凸台上表面创建草图，按照零件图绘制草图，利用拉伸除料命令并选中"增加起模斜度"复选框，进行凹槽部分的建模，如图 2-2-8 所示。

斜坡凹模零件凹槽创建

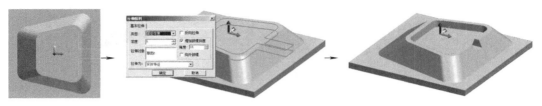

图 2-2-8　创建凹槽

（4）利用过渡命令创建 4 处 $R1\text{mm}$ 圆角

创建步骤如图 2-2-9 所示。

图 2-2-9　创建圆角

（5）建模完成

建模完成后的效果如图 2-2-10 所示。

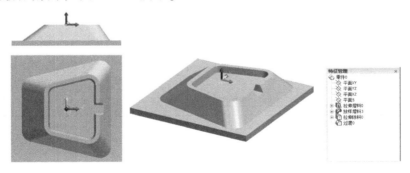

图 2-2-10　建模完成

2. 建立毛坯

打开"轨迹管理"面板→双击管理树中的"毛坯"→选中参考模型项→单击"参照模型"按钮→单击"确定"按钮，即可生成毛坯，如图 2-2-11 所示。

3. 生成斜坡凹模零件的粗加工轨迹

利用等高线粗加工命令，合理设置各选项卡中的参数，见表 2-2-3，生成零件的粗加工轨迹，结果如图 2-2-12 所示。

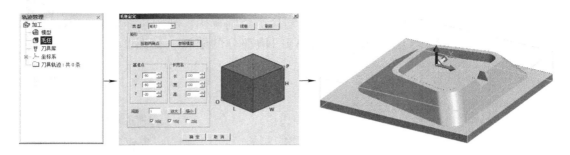

图 2-2-11　生成毛坯

操作步骤：→设置参数后确定→全选模型（W 键）→右键确认直至计算完成，

轨迹生成。

表 2-2-3　等高线粗加工参数设置

选项卡	参数设置	说　明
加工参数		★★重要选项卡 相关参数可结合实际加工需要进行合理设置 参考值：加工方式：单向；加工方向：顺铣；优先策略：层优先；走刀方式：环切；最大行距：5mm；层高：1mm；其余默认 经常更改变量：最大行距、残留高度、层高、加工余量
区域参数		★重要选项卡 相关参数可结合实际加工需要进行合理设置 高度范围：起始高度：0mm；终止高度：－15mm 经常更改变量：加工边界、高度范围

（续）

选项卡	参数设置	说　明
连接参数	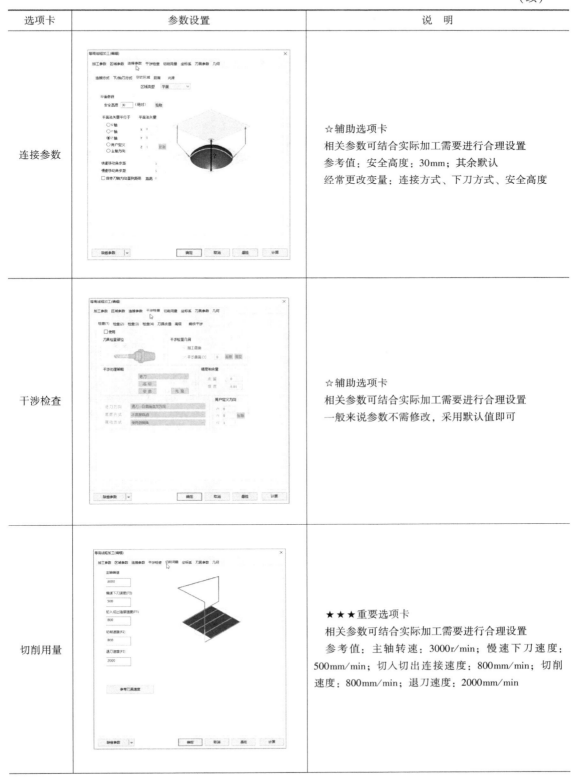	☆辅助选项卡 相关参数可结合实际加工需要进行合理设置 参考值：安全高度：30mm；其余默认 经常更改变量：连接方式、下刀方式、安全高度
干涉检查		☆辅助选项卡 相关参数可结合实际加工需要进行合理设置 一般来说参数不需修改，采用默认值即可
切削用量		★★★重要选项卡 相关参数可结合实际加工需要进行合理设置 　参考值：主轴转速：3000r/min；慢速下刀速度： 500mm/min；切入切出连接速度：800mm/min；切削 速度：800mm/min；退刀速度：2000mm/min

（续）

选项卡	参数设置	说　　明
坐标系		与建模时坐标选定相关（一般默认即可）
刀具参数		★★★重要选项卡 相关参数可结合实际加工需要进行合理设置 参考值：刀具直径：10mm，其余默认
几何		

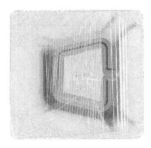  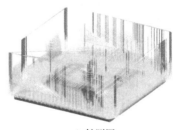

　　　a) 俯视图　　　　　　　　b) 正视图　　　　　　　　c) 轴测图

图 2-2-12　等高线粗加工轨迹

4. 生成斜坡凹模零件的精加工轨迹

利用等高线精加工命令，合理设置各选项卡中的参数，见表 2-2-4，生成零件的精加工轨迹，结果如图 2-2-13 所示。

操作步骤：等高线精加工→设置参数后确定→全选模型（W 键）→右键确认直至计算完成，轨迹生成。

表 2-2-4　等高线精加工参数设置

选项卡	参数设置	说　明
加工参数		★★重要选项卡 相关参数可结合实际加工需要进行合理设置 参考值：参数依次设置为：往复、顺铣、区域优先、从上向下；加工余量为 0mm；加工精度为 0.01mm；层高为 0.1mm 经常更改变量：优先策略、加工余量
区域参数		★重要选项卡 相关参数可结合实际加工需要进行合理设置 高度范围：起始高度：0mm；终止高度：−15mm 经常更改变量：加工边界、高度范围（用户设定）、分层

（续）

选项卡	参数设置	说　明
连接参数	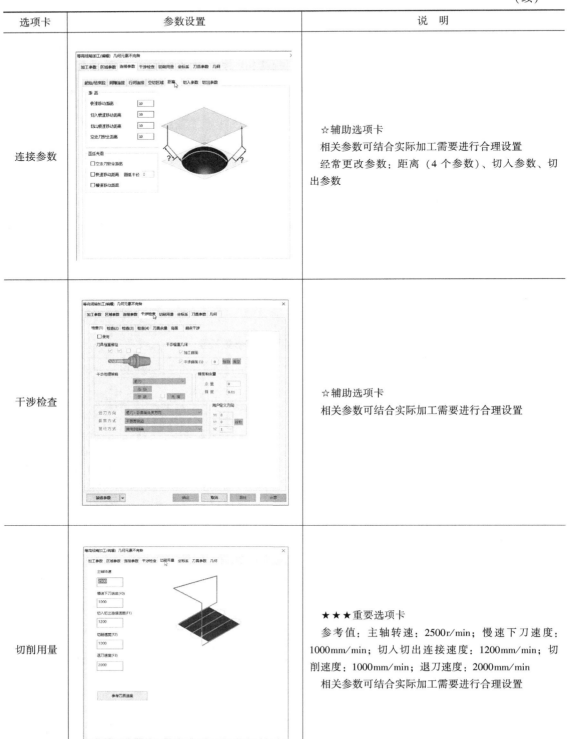	☆辅助选项卡 相关参数可结合实际加工需要进行合理设置 　经常更改参数：距离（4个参数）、切入参数、切出参数
干涉检查		☆辅助选项卡 相关参数可结合实际加工需要进行合理设置
切削用量		★★★重要选项卡 　参考值：主轴转速：2500r/min；慢速下刀速度：1000mm/min；切入切出连接速度：1200mm/min；切削速度：1000mm/min；退刀速度：2000mm/min 　相关参数可结合实际加工需要进行合理设置

（续）

选项卡	参数设置	说　明
坐标系		与建模时坐标选定相关（一般默认即可）
刀具参数		★★★重要选项卡 相关参数可结合实际加工需要进行合理设置 参考值：立铣刀直径：8mm
几何		

| a) 俯视图 | b) 正视图 | c) 轴测图 |

图 2-2-13　等高线精加工轨迹

5. 斜坡凹模零件轨迹仿真

在加工管理树中左键单击"刀具轨迹"（共 2 条），右键选择"实体仿真"（如图 2-2-14 所示），即可在仿真环境下模拟加工（如图 2-2-15 所示），完成后退出仿真界面。

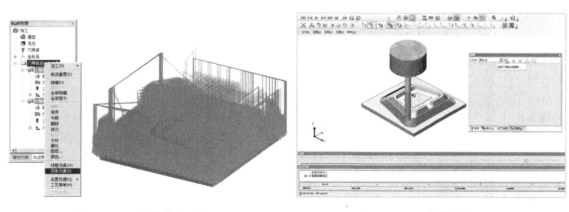

图 2-2-14　实体仿真路径　　　　　图 2-2-15　实体仿真界面

三、生成 G 代码

1. 机床配置文件

在轨迹管理面板中选中刀具轨迹，右键选择"后置处理"→"设备编辑"（如图 2-2-16 所示），对弹出的"选择后置配置文件"对话框（如图 2-2-17 所示）中的内容与实际机床情况做对比，如果与实际所用机床一致则退出即可，如果不一致则更改并另存后置配置文件（如图 2-2-18 所示）。

2. 程序生成

在轨迹管理面板中选中刀具轨迹，右键选择"后置处理"→"生成 G 代码"，在弹出的"生成后置代码"对话框（如图 2-2-19 所示）中选择与实际相符的数控系统，单击"确定"即可自动生成程序（如图 2-2-20 所示）。对于所生成的 G 代码，我们要结合所学专

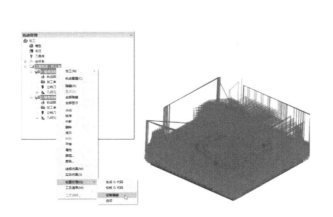

图 2-2-16 设备编辑路径

图 2-2-17 选择后置配置文件对话框

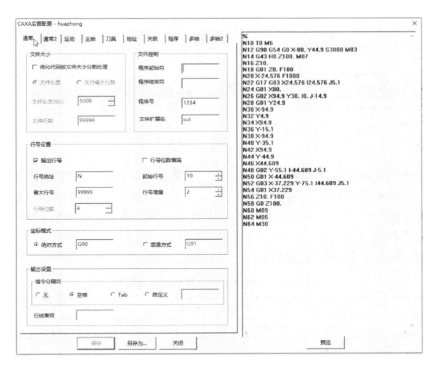

图 2-2-18 CAXA 后置配置对话框

业知识，将程序头及程序尾进行审读，确定无误就可以复制至 U 盘，进行下一步的实际机床加工了。

四、零件加工

机床选择大连机床 XD - 40，系统为华中系统。操作方法和步骤同模块一的任务一。

图 2-2-19　生成后置代码对话框

图 2-2-20　程序清单

知识拓展：

通过 CAXA 制造工程师软件学习三位偏置加工方式、轮廓导动等加工方式。根据所学内容研究如何使用其他加工方法生成零件的加工轨迹，并对生成轨迹模进行模拟、分析、判断。

模块二任务二

任务三　普通曲面零件建模与加工实例

任务导引：

本任务以典型曲面零件的数控编程为例，分析曲面数控编程中工艺的编排和参数的设置，解决曲面数控编程中的刀具路径轨迹生成的难点，提高曲面自动编程与数控加工的效率。通过本任务的加工练习，强化曲面加工知识点的应用，使学生能够依据下发任务单独立完成普通曲面零件的自动编程与加工。

普通曲面零件加工任务单见表 2-3-1。

表 2-3-1　普通曲面零件加工任务单

学习工作任务书				编号：08	
课程名称	三维建模与加工		建议学时	6	
任务名称	普通曲面零件建模与加工实例		工作日期		
班　　级		姓名		学号	组别
一、任务描述			二、工作目的		
根据给出的曲面零件图样，安排合理加工工艺路线，完成工艺卡片的填写，应用 CAXA 制造工程师软件进行零件的建模与 G 代码的生成，最后在数控机床上完成零件的实体加工			1）能够正确解读零件图 2）能够根据零件图分析出正确加工工艺路线 3）熟练掌握曲面零件各种特征的建模方法 4）熟练掌握曲面零件各种特征的加工参数设置 5）熟练掌握数控铣床的操作要领		

（续）

学习工作任务书	编号：08

三、学习任务

1）图样分析：通过阅读图样分析出曲面零件具备的几何特征

曲面特征	

2）工艺分析：依照图样，通过分析拟定加工工艺路线

① 等高线粗加工，完成零件整体粗加工	② 参数线精加工，完成零件整体精加工

3）加工过程中需要用到的刀具

① 键槽铣刀	② 球头铣刀

4）加工过程中主要参数设置

① 粗、精铣铣削方法____	② 粗、精铣切削行距____
③ 粗、精铣主轴转速____	④ 粗、精铣主轴进给速度____

5）在计算机上完成图样中给定零件的自动编程，生成 G 代码
6）在数控铣床上完成零件的实体加工

任务实施：

　　具体任务实施分为四步骤：图样工艺分析、软件建模与轨迹生成、生成 G 代码和零件加工。

一、图样工艺分析

曲面零件图如图 2-3-1 所示。曲面零件的三维实体造型如图 2-3-2 所示。

1. 工艺准备

给定毛坯：100mm × 100mm × 20mm。

2. 工艺分析

1）等高线粗加工零件。

2）参数线精加工零件。

参数线精加工的特点是按曲面的流线方向切削一个或一组连续曲面。由于能精确控制刀痕高度（球刀残余高度），因而可以得到精确而光滑的加工表面。沿面切削在实际应用中，主要用于单个曲面或相毗连的几个曲面的加工，其行间进给量是指定义刀具路径的相邻两条曲面流线的间距。加工工艺卡见表 2-3-2。

曲面零件
建模视频

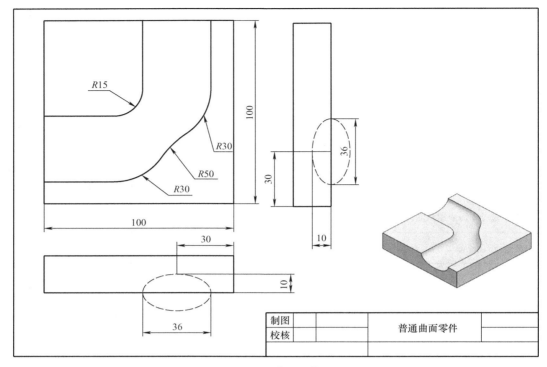

图 2-3-1　曲面零件图

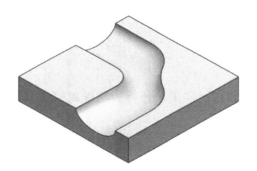

图 2-3-2　曲面零件的三维实体造型

表 2-3-2　加工工艺卡

工 艺 过 程 卡 片				零件名称	曲面零件	零件编号	08	共 1 页	第 1 页
材料牌号	45 钢	毛坯种类	锻钢	毛坯尺寸	100mm×100mm ×20mm	设备名称	数控铣床	设备型号	XD－40
工序号	工序名称	工 序 内 容			刀具	加 工 参 数			工时/min
						主轴转速/(r/min)	进给量/(mm/min)	背吃刀量/mm	
1	备料	毛坯：100mm × 100mm × 20mm 45 钢							
2	装夹	工件装夹、找正							2

（续）

工序号	工序名称	工 序 内 容	刀具	加 工 参 数			工时/min
				主轴转速/(r/min)	进给量/(mm/min)	背吃刀量/mm	
3	平上表面	铣削厚度大约0.5mm，保证毛坯上表面全部见光	盘铣刀	1000	800	0.5	2
4	换刀	换成 ϕ10mm 粗加工立式铣刀	立式铣刀				3
5	轮廓粗加工	应用等高线粗加工方法，去除大部分余量	ϕ10mm 立铣刀	3000	800	1	18
6	换刀	换成 ϕ6mm 精加工球头铣刀					
7	轮廓精加工	应用轮廓精加工方法，去除零件外轮廓余量	ϕ6mm 球头刀	3000	1000	1	8
8	检验						
编制		日期	校核		日期	审核	日期

二、软件建模与轨迹生成

1. 生成曲面零件的实体造型

利用特征工具，根据图 2-3-1 所示尺寸生成图 2-3-2 所示的曲面零件的三维实体造型。具体步骤如下：

（1）利用拉伸增料命令创建长方体

选择 XY 平面创建草图，以坐标中心为形心绘制 100mm×100mm 的矩形，利用拉伸增料命令，沿 Z 轴负向拉伸厚度为 20mm 的长方体，具体步骤如图 2-3-3 所示。

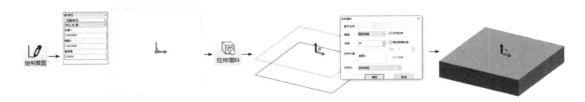

图 2-3-3　创建长方体

（2）利用导动面功能创建曲面

1）在 XY 面上创建两条空间导动线：按"F5"键，切换至空间平面 XY，创建两条独立的空间曲线。利用相关线、等距、直线、曲线过渡、曲线组合等工具绘制，如图 2-3-4 所示。

2）在实体左下侧面创建空间曲线：按"F8"将视图切换为轴测显示，按"F9"键切换坐标平面与左下侧面相同，按曲面零件图绘制半椭圆轮廓。利用相关线、等距、直线、椭圆、曲线裁剪等工具绘制，如图 2-3-5 所示。

图 2-3-4　创建两条空间导动线

图 2-3-5　在实体左下侧面创建空间曲线

3）在实体左上侧面创建空间曲线：方法同上步，按零件图绘制轮廓。利用相关线、等距、直线、椭圆、曲线裁剪等工具绘制，如图 2-3-6 所示。

4）创建导动曲面：利用导动面功能创建导动曲面，如图 2-3-7 所示。

（3）利用曲面裁剪命令创建曲面实体

具体步骤如图 2-3-8 所示。

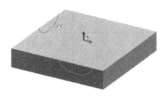

图 2-3-6　在实体左上侧面
创建空间曲线

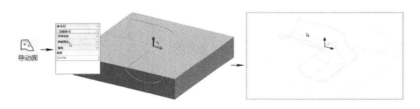

图 2-3-7　创建导动曲面

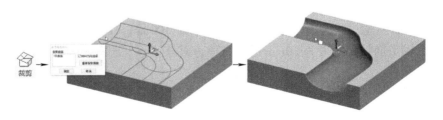

图 2-3-8　创建曲面实体

（4）建模完成

建模完成，曲面零件的三维实体造型如图 2-3-9 所示。

2. 建立毛坯

打开"轨迹管理"面板→双击管理树中的"毛坯"→选中"参照模型"项→单击"参照模型"按钮→单击"确定"按钮，即可生成毛坯，如图 2-3-10 所示。

图 2-3-9　曲面零件三维实体造型

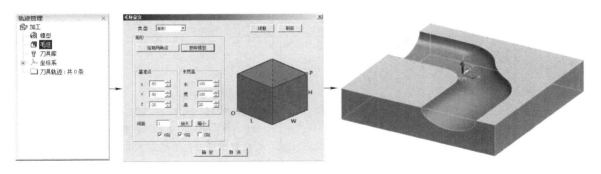

图 2-3-10 建立毛坯

3. 生成曲面零件的粗加工轨迹

利用等高线粗加工命令，合理设置各选项卡中的
参数（见表 2-3-3），生成零件的粗加工轨迹，结果如
图 2-3-11 所示，步骤如下：

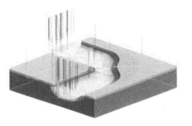

等高线精加工 →设置参数后确定→全选模型（W 键）→

右键确认直至计算完成，轨迹生成。

图 2-3-11 等高线粗加工轨迹

表 2-3-3 等高线粗加工参数设置

选项卡	参数设置	说　明
加工参数		★★重要选项卡 相关参数可结合实际加工需要进行合理设置 参数依次为：加工方式：往复；加工方向：顺铣；优先策略：层优先；选刀方式：环切；最大行距：5mm；层高：1mm；加工余量：0.5mm；加工精度：0.1mm；其余参数默认 经常更改变量：最大行距、残留高度、层高、加工余量
区域参数		★重要选项卡 相关参数可结合实际加工需要进行合理设置 高度范围：起始高度：0mm；终止高度：－15mm；其他参数默认 经常更改变量：加工边界、高度范围

（续）

选项卡	参数设置	说　明
连接参数		☆辅助选项卡 相关参数可结合实际加工需要进行合理设置 安全高度：30mm；其他参数默认 经常更改变量：连接方式、下/抬刀方式、安全高度
干涉检查		☆辅助选项卡 参数默认 相关参数可结合实际加工需要进行合理设置
切削用量		★★★重要选项卡 主轴转速：3000r/min；慢速下刀速度：500mm/min；切入切出连接速度：800mm/min；切削速度：800mm/min；退刀速度：2000mm/min；其他参数默认 相关参数可结合实际加工需要进行合理设置
坐标系		与建模时坐标选定相关（一般默认即可）

（续）

选项卡	参数设置	说　明
刀具参数		★★★重要选项卡 立铣刀直径：10mm 相关参数可结合实际加工需要进行合理设置
几何		

4. 生成曲面零件的精加工轨迹

利用参数线精加工命令，合理设置各选项卡中的参数（见表2-3-4），生成零件的精加工轨迹，结果如图2-3-12所示具体步骤如下：

▨ 参数线精加工→设置参数后确定→全选模型（W键）→右键确认直至计算完成，轨迹生成。

表 2-3-4　参数线精加工参数设置

选项卡	参数设置	说　明
加工参数		★重要选项卡 相关参数可结合实际加工需要进行合理设置 切入方式：直线，长度为5mm；切出方式：直线，长度为5mm；行距定义方式：残留高度为0.02mm；其他参数默认 经常更改变量：切入方式、切出方式、行距定义方式、加工余量

（续）

选项卡	参数设置	说　明
接近返回	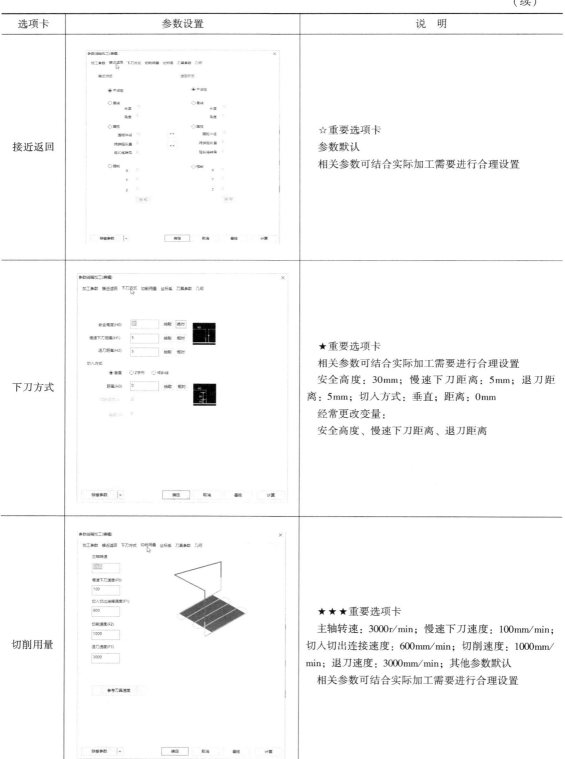	☆重要选项卡 参数默认 相关参数可结合实际加工需要进行合理设置
下刀方式		★重要选项卡 相关参数可结合实际加工需要进行合理设置 安全高度：30mm；慢速下刀距离：5mm；退刀距离：5mm；切入方式：垂直；距离：0mm 经常更改变量： 安全高度、慢速下刀距离、退刀距离
切削用量		★★★重要选项卡 主轴转速：3000r/min；慢速下刀速度：100mm/min；切入切出连接速度：600mm/min；切削速度：1000mm/min；退刀速度：3000mm/min；其他参数默认 相关参数可结合实际加工需要进行合理设置

（续）

选项卡	参数设置	说　明
坐标系	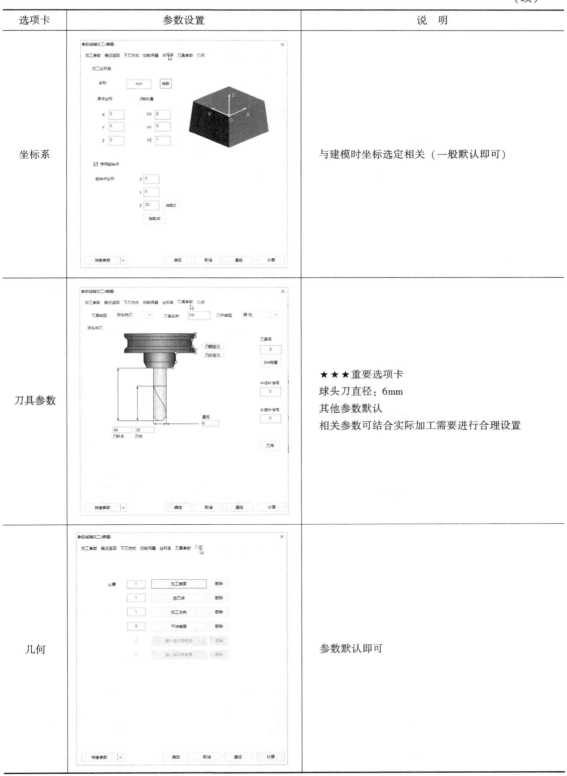	与建模时坐标选定相关（一般默认即可）
刀具参数		★★★重要选项卡 球头刀直径：6mm 其他参数默认 相关参数可结合实际加工需要进行合理设置
几何		参数默认即可

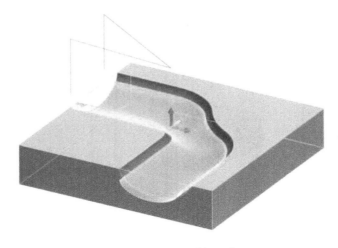

图 2-3-12　参数线精加工轨迹

5. 曲面零件轨迹仿真

在加工管理树中左键单击"刀具轨迹"（共 2 条），右键选择"实体仿真"（如图 2-3-13 所示），即可在仿真环境下模拟加工（如图 2-3-14 所示）。

模拟加工结束后退出仿真窗口。

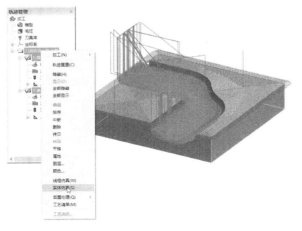

图 2-3-13　实体仿真路径

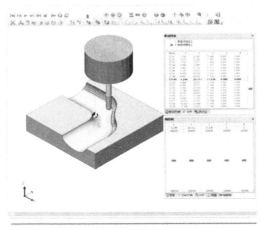

图 2-3-14　实体仿真界面

三、生成 G 代码

1. 机床类型设置

在"轨迹管理"面板中选中"刀具轨迹"，右键选择"后置处理"（如图 2-3-15 所示）中的"设备编辑"，对弹出的"选择后置配置文件"对话框（如图 2-3-16 所示）内容与实际机床情况做对比，如果与实际所用机床一致则退出即可，如果不一致则更改并另存后置配置文件（如图 2-3-17 所示）。

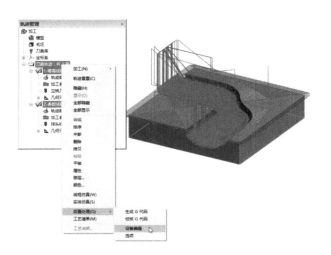

图 2-3-15　设备编辑路径

图 2-3-16　选择后置配置文件对话框

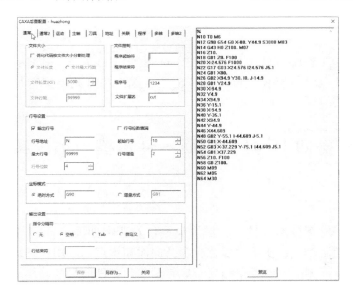

图 2-3-17　"CAXA 后置配置"对话框

2. 程序生成

在"轨迹管理"面板中选中"刀具轨迹",右键选择"后置处理"中的"生成 G 代码",在弹出的"生成后置代码"对话框(如图 2-3-18 所示)中选择与实际相符的数控系统,单击"确定"即可自动生成程序,程序清单如图 2-3-19 所示。对于所生成的 G 代码,我们要结合所学专业知识,将程序头及程序尾进行审读,确定无误就可以复制至 U 盘,进行下一步的实际机床加工了。

四、零件加工

机床选择大连机床 XD – 40,系统为华中系统,操作方法和步骤同模块一的任务一。

图 2-3-18　"生成后置代码"对话框

图 2-3-19　程序清单

知识拓展：

了解 CAXA 制造工程师软件中的孔加工、铣螺纹加工方式。根据所学内容探究如何完成带孔及螺纹特征零件的加工轨迹生成，并将此类型特征的零件在机床上加工出来。

模块二任务三

任务四　异型曲面零件建模与加工实例

任务导引：

在已学习加工多轮廓分层零件、斜坡凹模零件及普通曲面零件的基础上，通过本任务——异型曲面零件加工练习，使学生强化轮廓及曲面知识点的应用，熟练掌握各特征参数设置及加工方法，能够依据下发任务单独立完成异型曲面零件的自动编程与加工任务。

异型曲面零件加工任务单见表 2-4-1。

表 2-4-1　异型曲面零件加工任务单

学习工作任务书				编号：09	
课程名称	三维建模与加工		建议学时	8	
任务名称	异形曲面零件建模与加工实例		工作日期		
班　级		姓名	学号		组别
一、任务描述			二、工作目的		
根据给出的异型曲面零件图样，安排合理加工工艺路线，完成工艺卡片的填写，应用 CAXA 制造工程师软件进行零件的建模与 G 代码的生成，最后在数控机床上完成零件的实体加工			1）能够正确解读零件图 2）能够根据零件图分析出正确的造型方法 3）能够用线架、实体、正确表达工件 4）能够正确、熟练地对异型曲面类零件进行造型 5）能够独立分析问题、解决问题，并具有一定再学习的能力		

（续）

学习工作任务书	编号：09
三、学习任务	

1）图样分析：通过阅读图样分析出异型曲面零件的构成

① 线框特征	③ 实体特征
② 网格面特征	

2）工艺分析：依照图样，通过分析拟定加工工艺路线

① 粗加工去余量	② 半精加工去余量
③ 精加工	

3）加工过程中需要用到的刀具

① φ10mm 立铣刀	② R4mm 球头铣刀

4）加工过程中主要参数设置

① 粗加工主轴转速____，进给速度____	② 粗加工背吃刀量____
③ 半精加工主轴转速____，进给速度____	④ 半精加工背吃刀量____
⑤ 精加工主轴转速____，进给速度____	⑥ 精加工背吃刀量____

5）在计算机上完成图样中给定零件的自动编程，生成 G 代码

6）在数控铣床上完成零件的实体加工

任务实施：

具体任务实施分为四步骤：图样工艺分析、软件建模及加工参数设置、生成 G 代码、零件加工。

一、图样工艺分析

吊钩零件图如图 2-4-1 所示，吊钩零件及铸模三维实体造型如图 2-4-2 所示。

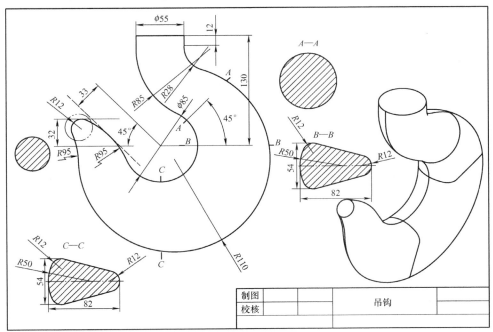

图 2-4-1　吊钩零件图

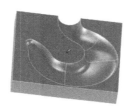

吊钩加工工艺

图 2-4-2　吊钩零件及铸模三维实体造型

1. 工艺准备

1）给定毛坯 130mm × 130mm × 20mm，铝材。

2）利用虎钳夹持 130mm × 130mm 平面，夹持高度 5 ~ 7mm。

2. 工艺分析

1）使用 ϕ10mm 立铣刀利用等高线粗加工法对零件进行粗加工。

2）使用 R4mm 球头铣刀利用参数线精加工法对零件进行半精加工及精加工。

参数线精加工主要是针对面（曲面、实体面）的一种加工方式，可设定限制面，进行干涉检查等，也可以实现径向走刀方式，加工工艺卡见表 2-4-2。

表 2-4-2　加工工艺卡

工 艺 过 程 卡 片				零件名称	异型曲面零件	零件编号	09	共 1 页	第 1 页
材料牌号	2A12	毛坯种类	铝	毛坯尺寸	130mm × 130mm ×20mm	设备名称	数控铣床	设备型号	XD-40
工序号	工序名称	工 序 内 容			刀具	加 工 参 数			工时 /min
						主轴转速 /(r/min)	进给量 /(mm/min)	背吃刀量 /mm	
1	备料	毛坯：130mm × 130mm × 20mm 2A12 铝							
2	装夹	工件装夹、找正							2
3	平上表面	铣削厚度大约为 0.5mm，保证毛坯上表面全部见光			盘铣刀	1000	800	0.5	2
4	换刀	换成 ϕ10mm 粗加工立式铣刀			立式铣刀				3
5	型体粗加工	应用等高线粗加工方法，去除大部分余量			ϕ10mm 立式铣刀	3000	1500	1-5	15
6	换刀	换成 R4mm 精加工球头铣刀							3
7	半精加工	用参数线精加工方法，去除棱角，为精加工预留 0.2mm 余量			R4mm 球头铣刀	5000	1200	1	7
8	精加工	应用参数线精加工方法，去除余量			R4mm 球头铣刀	5000	3000	0.1	10
编制		日期		校核		日期		审核		日期

二、软件建模及加工参数设置

1. 生成吊钩铸模零件的实体造型

利用曲线、曲面及特征工具，根据图 2-4-1 所示尺寸生成图 2-4-2 所示的吊钩铸模零件的实体造型。

吊钩建模视频

具体步骤如下：

（1）利用曲线指令绘制平面轮廓。

1）创建内圆：利用圆指令的圆心半径方式绘制 ϕ85mm（半径 42.5mm）圆，如图2-4-3所示。

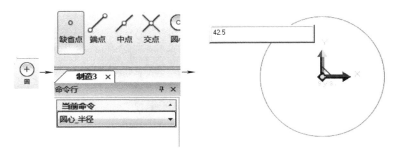

图 2-4-3　创建内圆

2）绘制 ϕ55mm 直径线：依照图样利用直线指令绘制 ϕ55mm 直径线，如图 2-4-4 所示。

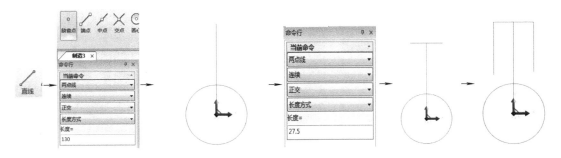

图 2-4-4　绘制 ϕ55mm 直径线

3）绘制 R85mm 圆弧：利用圆弧指令的两点半径方式依照图样绘制 R85mm 圆弧，分别相切于 ϕ55mm 外径线及 ϕ85mm 圆，如图 2-4-5 所示。

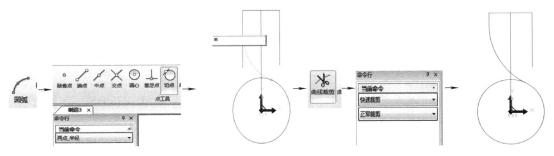

图 2-4-5　绘制 R85mm 圆弧

4）绘制 $R95$mm 内圆弧：依照图样绘制 $R95$mm 内圆弧，分别相切于 $\phi85$mm 及与 X 轴 45°距离 33mm 的直线，如图 2-4-6 所示。

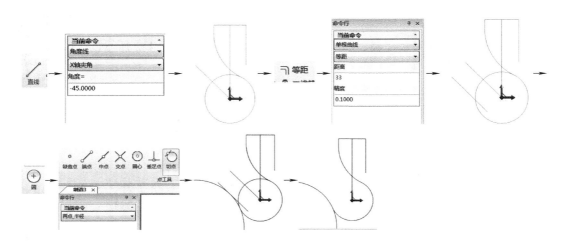

图 2-4-6　绘制 $R95$mm 内圆弧

5）绘制 $SR12$mm 球面：依照图样绘制 $SR12$mm 球面，分别相切于 X 轴向上等距 32mm 的直线及 $R95$mm 内圆弧，如图 2-4-7 所示。

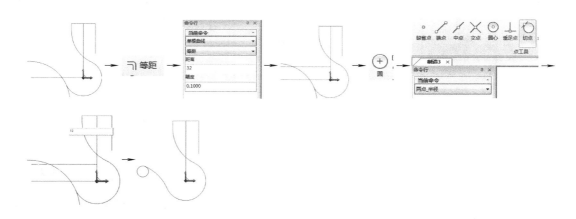

图 2-4-7　绘制 $SR12$mm 球面

6）绘制 $R110$mm 外侧圆：依照两剖视图确定 $R110$mm 必经过 $R85$mm 的 X 轴正向距离 82mm 处及 Y 轴负向 82mm 处，利用圆指令的圆心半径方式绘制 $R110$mm 外侧圆，如图2-4-8 所示。

7）绘制 $R95$mm 圆弧：利用圆弧指令的两点半径方式绘制 $R95$mm，分别相切于 $SR12$mm 及 $R110$mm，如图 2-4-9 所示。

8）绘制 $R28$mm 圆弧：依照图样所示，$R28$mm 圆弧过 $\phi55$mm 长 12mm 位置并与 $R110$mm 圆弧相切，绘制步骤如图 2-4-10 所示。

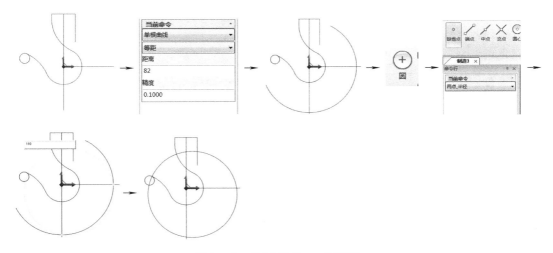

图 2-4-8　绘制 $R110mm$ 外侧圆

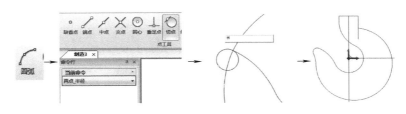

图 2-4-9　绘制 $R95mm$

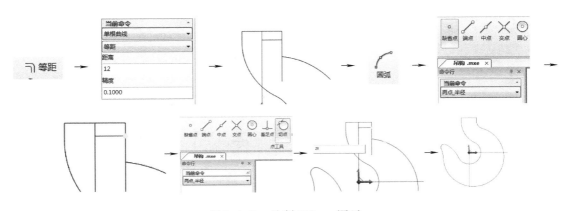

图 2-4-10　绘制 $R28mm$ 圆弧

（2）利用曲线建造 U 向曲线

1）绘制 $\phi55mm$ 位置半圆弧，如图 2-4-11 所示。

2）绘制 A—A 剖面轮廓：利用直线命令的角度线功能建立轴线绘制圆弧轮廓，如图2-4-12所示。

3）绘制 X 轴正向及 Y 轴负向 U 向轮廓：利用旋转功能同理绘制两方向剖面轮廓，如图 2-4-13 所示。

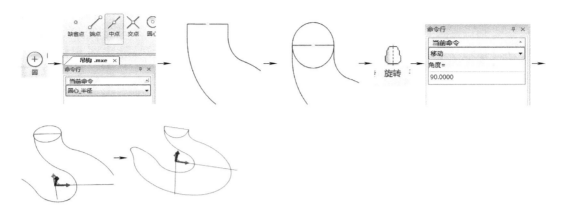

图 2-4-11　绘制 ϕ55mm 位置半圆弧

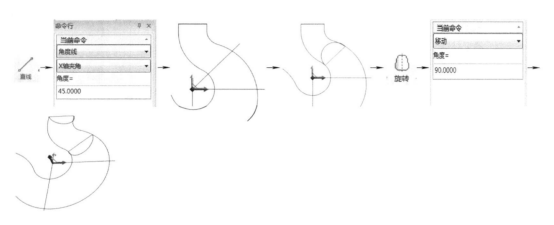

图 2-4-12　绘制 A—A 剖面轮廓

图 2-4-13　绘制 X 轴正向及 Y 轴负向 U 向轮廓

4）绘制 SR12mm 半球面：利用旋转面功能以 SR12mm 直径方向的直线为旋转轴绘制 SR12mm 半球面，如图 2-4-14 所示。

5）拾取 SR12mm 轮廓线：利用相关线指令的曲面边界功能拾取出 SR12mm 的 U 向圆弧线，如图 2-4-15 所示。

（3）利用曲线组合功能将 U 向线及 V 向线分别组合（如图 2-4-16 所示）。

1）组合 U 向线段和 V 向线段：利用曲线组合功能将如图 2-4-16 所示 A 点至 C 点间进行组合，将 B 点至 D 点间进行组合，如图 2-4-17 所示。

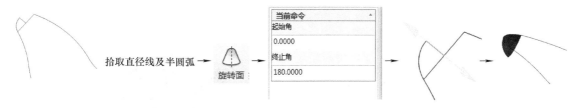

图 2-4-14 绘制 *SR*12mm 半球面

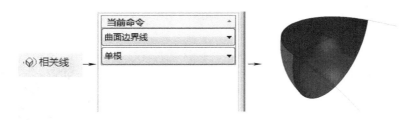

图 2-4-15 拾取 *SR*12mm 轮廓线

图 2-4-16 组合 U 向线及 V 向线 　　图 2-4-17 利用曲线组合功能组合 U 向线段和 V 向线段

2）分别组合 X 正方向剖面轮廓线及 Y 负方向的剖面轮廓线段。

（4）利用网格面功能绘制吊钩曲面（如图 2-4-18 所示）

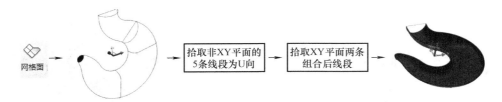

图 2-4-18 利用网格面功能绘制吊钩曲面

利用缩放功能将曲面以坐标原点为中心三方向缩放至原来的 1/2，如图 2-4-19 所示。

（5）创建实体

以 XY 平面的基准面创建 130mm×130mm 矩形，利用拉伸增料功能生成 20mm 厚实体，如图 2-4-20 所示。

（6）裁剪实体

利用特征状态的裁剪功能进行 Z 正方向裁剪，如图 2-4-21 所示。

图 2-4-19　利用缩放功能缩放

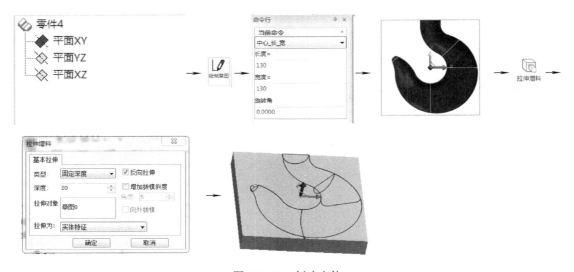

图 2-4-20　创建实体

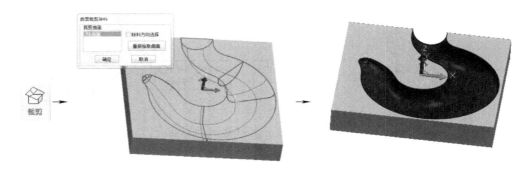

图 2-4-21　裁剪实体

2. 加工参数

（1）建立毛坯

打开"轨迹管理"面板，双击管理树中的"毛坯"，选中"参照模型"项，单击"参照模型"按钮，单击"确定"按钮，即可生成毛坯，如图 2-4-22 所示。

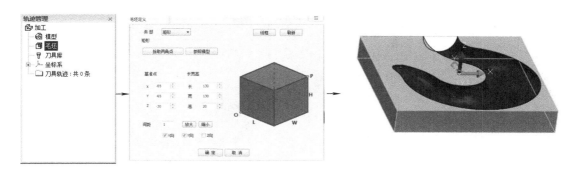

图 2-4-22　建立毛坯

（2）生成吊钩铸模零件的粗加工轨迹

利用等高线粗加工命令，合理设置各选项卡中的参数（见表 2-4-3），生成零件的粗加工轨迹，结果如图 2-4-23 所示，具体步骤如下：

等高线精加工 →设置参数后确定→选择两曲面→右键确认直至计算完成，轨迹生成。

表 2-4-3　等高线粗加工参数设置

选项卡	参数设置	说　明
加工参数		★★重要选项卡 相关参数可结合实际加工需要进行合理设置 经常更改变量：最大行距、残留高度、层高、加工余量
区域参数		★重要选项卡 相关参数可结合实际加工需要进行合理设置 经常更改变量：加工边界、高度范围

（续）

选项卡	参数设置	说　明
连接参数	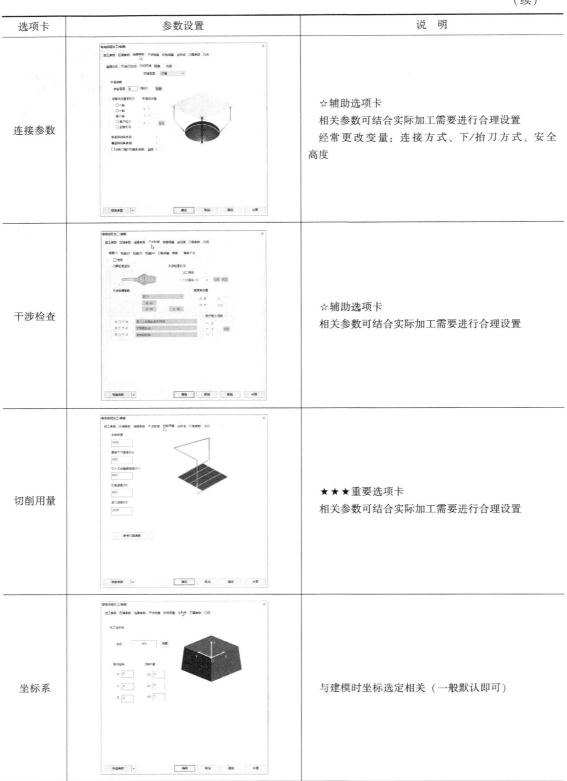	☆辅助选项卡 相关参数可结合实际加工需要进行合理设置 经常更改变量：连接方式、下/抬刀方式、安全高度
干涉检查		☆辅助选项卡 相关参数可结合实际加工需要进行合理设置
切削用量		★★★重要选项卡 相关参数可结合实际加工需要进行合理设置
坐标系		与建模时坐标选定相关（一般默认即可）

（续）

选项卡	参数设置	说　明
刀具参数		★★★重要选项卡 相关参数可结合实际加工需要进行合理设置 立铣刀与球头铣 刀曲面加工对比
几　何		

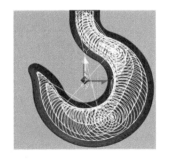 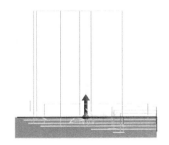 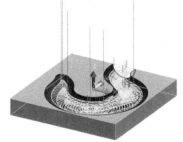

图 2-4-23　等高线粗加工轨迹

（3）生成吊钩铸模零件的精加工轨迹

利用参数线精加工命令，合理设置各选项卡中的参数（见表 2-4-4），生成零件的精加工轨迹，结果如图 2-4-24 所示，具体步骤如下。

　参数线精加工 →设置参数后确定→选择两曲面→右键确认直至计算完成，轨迹生成。

表 2-4-4　等高线精加工参数设置

选项卡	参数设置	说　明
加工参数	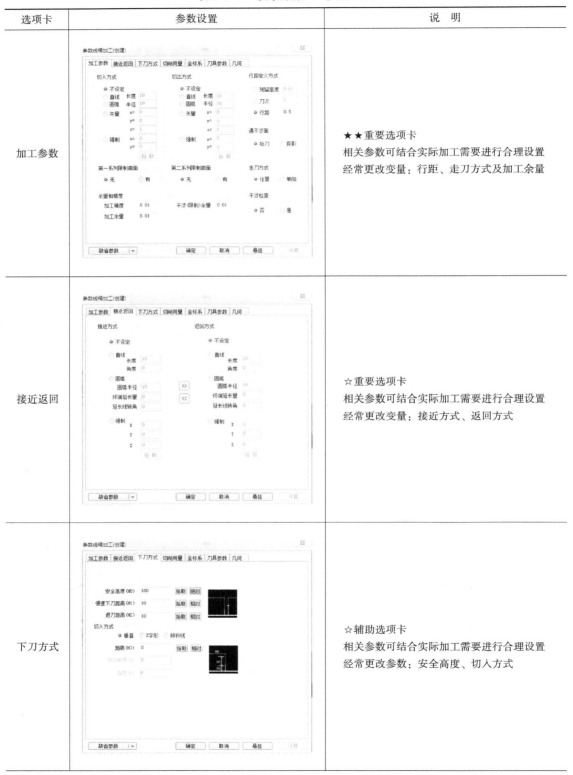	★★重要选项卡 相关参数可结合实际加工需要进行合理设置 经常更改变量：行距、走刀方式及加工余量
接近返回		☆重要选项卡 相关参数可结合实际加工需要进行合理设置 经常更改变量：接近方式、返回方式
下刀方式		☆辅助选项卡 相关参数可结合实际加工需要进行合理设置 经常更改参数：安全高度、切入方式

（续）

选项卡	参数设置	说　明
切削用量	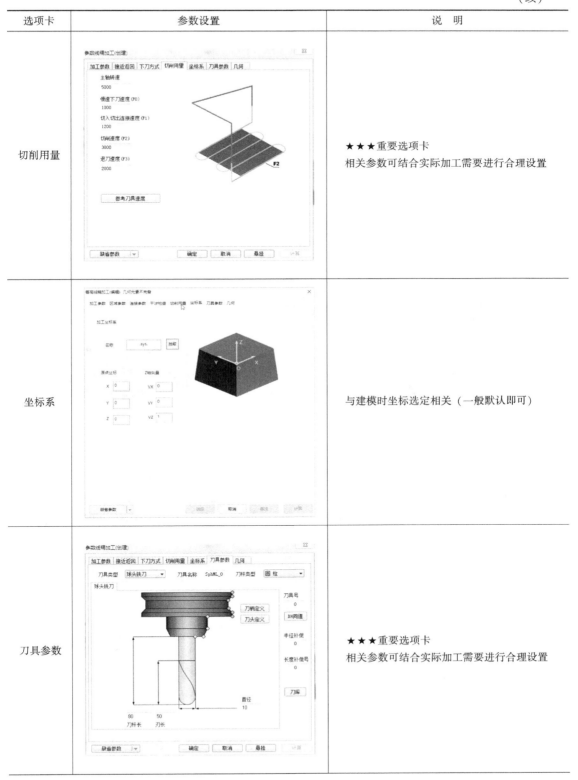	★★★重要选项卡 相关参数可结合实际加工需要进行合理设置
坐标系		与建模时坐标选定相关（一般默认即可）
刀具参数		★★★重要选项卡 相关参数可结合实际加工需要进行合理设置

（续）

选项卡	参数设置	说　明
几何		

 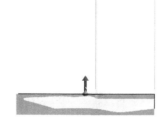 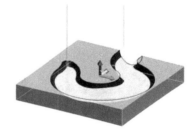

图 2-4-24　参数线精加工轨迹

（4）吊钩铸模零件轨迹仿真

在加工管理树中左键单击刀具轨迹（共 2 条），右键选择实体仿真（如图 2-4-25 所示），即可在仿真环境下模拟加工（如图 2-4-26 所示），仿真结束后退出仿真窗口。

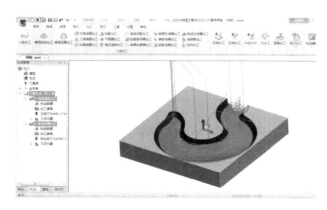 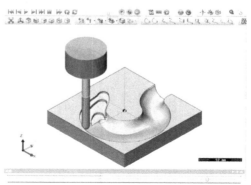

图 2-4-25　实体仿真路径　　　　　　　图 2-4-26　实体仿真界面

三、生成 G 代码

1. 机床类型设置

在"轨迹管理"面板中选中"刀具轨迹"，右键选择"后置处理"中的"设备编辑"，如图 2-4-27 所示，将弹出的"选择后置配置文件"对话框（如图 2-4-28 所示）内容与实际机床情况做对比，如果与实际所用机床一致退出即可，如果不一致则更改并另存后置配置文件（如图 2-4-29 所示）。

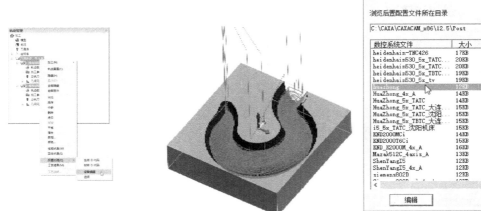

图 2-4-27　设备编辑路径

图 2-4-28　选择后置配置文件对话框

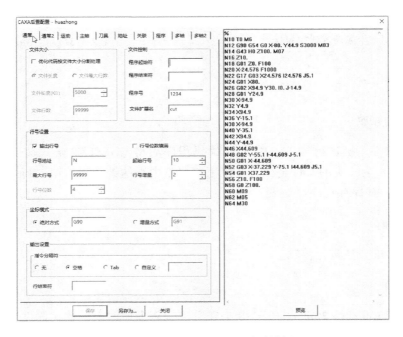

图 2-4-29　CAXA 后置配置对话框

2. 程序生成

在"轨迹管理"面板中选中"刀具轨迹"，右键选择"后置处理"中的"生成 G 代码"，在弹出的"生成后置代码"对话框（如图 2-4-30 所示）中选择与实际相符的数控系统，单击"确定"即可自动生成程序（如图 2-4-31 所示）。对于所生成的 G 代码，结合所学专业知识，将程序头及程序尾进行审读，确定无误复制至 U 盘，进行下一步的实际机床加工。

图 2-4-30　生成后置代码对话框

图 2-4-31　程序清单

四、零件加工

1. G 代码的修改

基于华中数控系统进行加工，生成 G 代码程序后将 CUT/TXT 格式文件名称改为以 O（大小写均可以）为开头的文件名称。在使用非加工中心的铣床时将第二行 N10T0M6 删除，将 G43H0 删除，并保存程序至 U 盘。

2. 文件传输

可选择合适的方法进行传输。

3. 装夹工件

将 130mm×130mm×20mm 的工件装夹在数控铣床平口钳上，装夹深度≥5mm。利用机床手摇功能进行 5 点法对刀，对刀界面如图 2-4-32 所示。

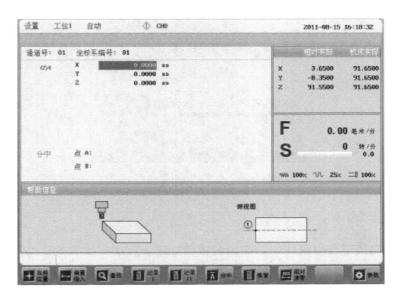

图 2-4-32 对刀界面

4. 零件加工

单击"程序"按键，选择"U 盘"储存后，选择所加工程序，单击"确定"按钮，如图 2-4-33 所示。

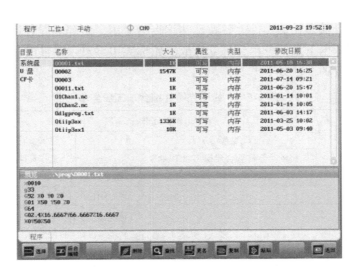

图 2-4-33 文件存储

选择自动状态后单击"程序"按钮，单击"效验功能"，再单击循环启动键进行校验，如图 2-4-34 所示。

选择单段或自动状态，单击"循环启动"按钮进行加工。

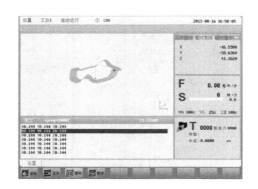

模块二任务四

图 2-4-34　程序校验

知识拓展：

熟悉 CAXA 制造工程师软件中的曲面区域精加工、轮廓导动精加工等其他平面轮廓的加工方法。结合所学知识，使用曲面区域精加工、轮廓导动精加工等加工方法对所学零件进行加工轨迹生成，并仿真加工了解不同的精加工方式加工零件的加工方式，总结其优缺点。

任务五　铣削类零件综合建模与加工实例

任务导引：

在已学习加工平面内轮廓、外轮廓、键槽特征的基础上，通过本任务——铣削类零件综合加工练习，强化平面多轮廓零件上各特征知识点的应用，熟练掌握各特征参数设置及加工方法，使学生能够依据下发任务单，独立完成多轮廓类中等复杂零件的自动编程与加工。

铣削类零件综合加工任务单见表 2-5-1。

表 2-5-1　铣削类零件综合加工任务单

学习工作任务书				编号：10
课程名称	三维建模与加工		建议学时	10
任务名称	铣削类零件综合建模与加工实例		工作日期	
班　　级		姓名	学号	组别
一、任务描述			二、工作目的	
根据给出的铣削类零件图样，安排合理加工工艺路线，完成工艺卡片的填写，应用 CAXA 制造工程师软件进行零件的三维建模与 G 代码的生成，最后在数控机床上完成零件的实体加工			1) 能够正确解读零件图 2) 能够根据零件图分析出正确加工工艺路线 3) 熟练掌握平面多轮廓各种特征的建模方法 4) 熟练掌握平面轮廓加工方法的应用 5) 熟练掌握数控铣床的操作要领	
三、学习任务				
1) 图样分析：通过阅读图样分析出零件具备的几何特征				
① 外轮廓特征			② 槽特征	
③ 圆弧槽特征				

（续）

学习工作任务书	编号：10
2）工艺分析：依照图样，通过分析拟定加工工艺路线	
① 装夹	② 平上表面
③ 型体粗加工	④ 型体精加工
⑤ 外轮廓精加工	⑥ 内轮廓精加工
⑦ 孔精加工	
3）加工过程中需要用到的刀具	
① 立铣刀	② 盘刀
4）加工过程中主要参数设置	
① 平上表面主轴转速＿＿＿	② 型体粗加工主轴转速＿＿＿
③ 型体粗加工层高＿＿＿、行距＿＿＿	④ 型体精加工主轴转速＿＿＿
⑤ 型体精加工层高＿＿＿、行距＿＿＿	
5）在计算机上完成图样中给定零件的自动编程，生成 G 代码 6）在数控铣床上完成零件的实体加工	

任务实施：

具体任务实施分为四步骤：图样工艺分析、软件建模与轨迹生成、生成 G 代码和零件加工。

一、图样工艺分析

零件图如图 2-5-1 所示，零件实体造型如图 2-5-2 所示。

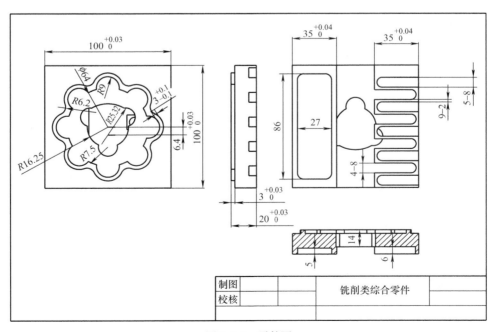

图 2-5-1　零件图

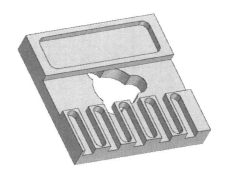

图 2-5-2 零件实体造型

1. 工艺准备

给定毛坯 100mm × 100mm × 20mm 45 钢。

2. 工艺分析

1）型体第一面粗加工，应用等高线粗加工方法，加工零件所有轮廓，去除大部分材料，加工余量 0.15。

2）型体第一面精加工，加工外轮廓、内轮廓和孔，加工方法使用平面轮廓精加工，从外到内，依次拾取加工。

3）调面，按照 1）、2）步骤的顺序加工。

加工工艺卡见表 2-5-2。

铣削类零件综合实例加工工艺

表 2-5-2 加工工艺卡

工 艺 过 程 卡 片				零件名称	多轮廓分层零件	零件编号	10	共 1 页	第 1 页
材料牌号	45	毛坯种类	钢	毛坯尺寸	100mm × 100mm ×20mm	设备名称	数控铣床	设备型号	XD－40
工序号	工序名称	工 序 内 容			刀具	加 工 参 数			工时/min
						主轴转速/(r/min)	进给量/(mm/min)	背吃刀量/mm	
1	备料	毛坯：100mm × 100mm × 20mm 45 钢							
2	装夹	工件装夹、找正							2
3	平上表面	铣削厚度大约为 0.5mm，保证毛坯上表面全部见光			盘铣刀	1000	800	0.5	2
4	换刀	换成 φ10mm 粗加工立式铣刀			立式铣刀				15
5	型体粗加工	应用等高线粗加工方法，去除大部分余量			φ10mm立式铣刀	3500	900	1	30
6	换刀	换成 φ8mm 精加工立式铣刀							1

（续）

工序号	工序名称	工　序　内　容	刀具	加　工　参　数			工时/min
				主轴转速/（r/min）	进给量/（mm/min）	背吃刀量/mm	
7	外轮廓精加工	应用轮廓精加工方法，去除零件外轮廓余量	φ8mm立式铣刀	4000	600		10
8	内轮廓精加工	应用轮廓精加工方法，去除零件内轮廓余量	φ8mm立式铣刀	4000	400		10
9	孔精加工	应用轮廓精加工方法，去除零件孔的余量	φ8mm立式铣刀	4000	400		5
10	调面	工件装夹、找正、对中心					
11	平上表面	保证20mm的厚度	盘铣刀	1000	800	0.5	3
12	换刀	换成φ10mm粗加工立式铣刀	立式铣刀				15
13	型体粗加工	应用等高线粗加工方法，去除大部分余量	φ10mm立式铣刀	3500	900	1	30
14	换刀	换成φ8mm精加工立式铣刀					1
15	外轮廓精加工	应用轮廓精加工方法，去除零件外轮廓余量	φ8mm立式铣刀	4000	600		10
16	内轮廓精加工	应用轮廓精加工方法，去除零件内轮廓余量	φ8mm立式铣刀	4000	400		10
17	孔精加工	应用轮廓精加工方法，去除零件孔的余量	φ8mm立式铣刀	4000	400		5
编制		日期	校核	日期	审核	日期	

二、软件建模与轨迹生成

1. 生成零件的平面图形

利用曲线工具，根据零件图 2-5-1 所示尺寸生成图 2-5-2 所示的零件图的实体造型。
具体步骤如下：

1）利用矩形指令、圆指令、裁剪指令、阵列指令、等距指令、过渡指令，画出第一面的形状，如图 2-5-3 所示。

2）利用以上相同的指令画出第二面的平面图形，如图 2-5-4 所示。

2. 生成零件的实体造型

利用特征工具，根据图 2-5-1 所示尺寸生成图 2-5-2 所示零件的实体造型。

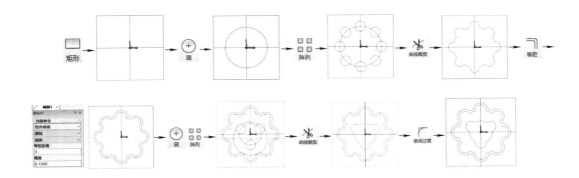

图 2-5-3　画出第一面的形状

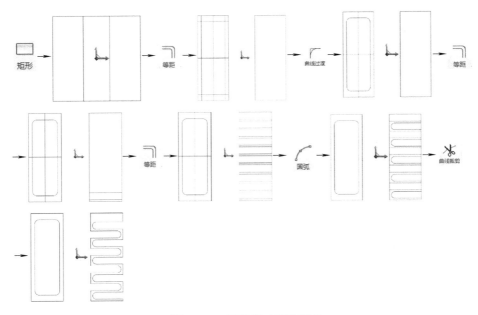

图 2-5-4　画出第二面的形状

具体步骤如下：

1）创建实体，选择 XY 平面创建草图，以坐标中心为形心绘制 100mm × 100mm 的矩形，利用拉伸增料命令，沿 Z 轴负向拉伸厚度为 20mm 的实体，如图 2-5-5 所示。

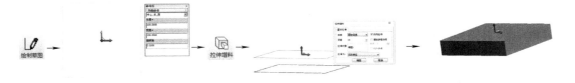

图 2-5-5　创建实体

2）利用拉伸除料、直线、圆、曲线裁剪、阵列等命令创建花瓣和中间的形体，如图 2-5-6 所示。

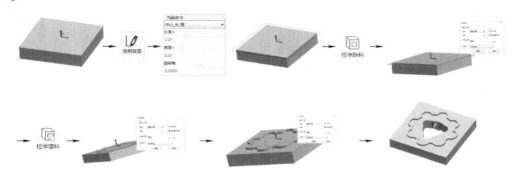

图 2-5-6　创建花瓣和中间的形状

3）利用拉伸增料、拉伸除料等曲线工具绘制第二个面的实体，如图 2-5-7 所示。

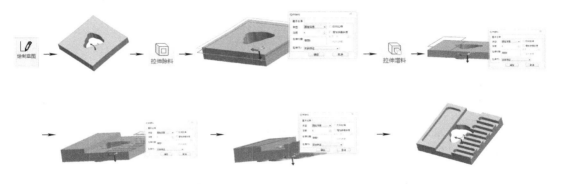

图 2-5-7　绘制第二个面的实体

4）建模完成。零件三维实体造型如图 2-5-8 所示。

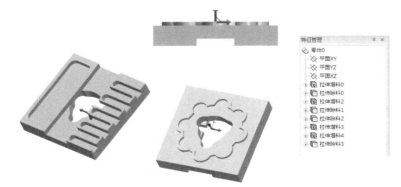

图 2-5-8　零件三维实体造型

3. 建立毛坯

打开"轨迹管理"面板→双击管理树中的"毛坯"→选中"参照模型"项→单击"参

照模型"按钮→单击"确定"按钮，即可生成毛坯，如图2-5-9所示。

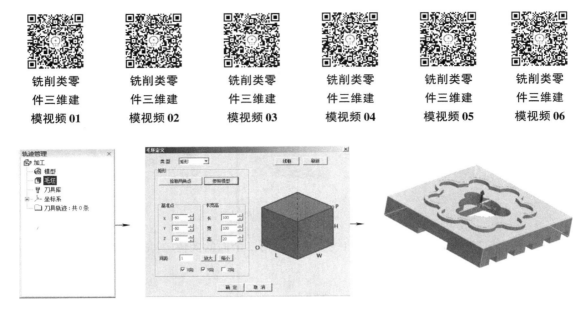

图2-5-9　建立毛坯

4. 生成零件的粗加工轨迹

利用等高线粗加工命令，合理设置各选项卡中的参数（见表2-5-3），生成零件的粗加工轨迹，结果如图2-5-10所示，具体步骤如下。

等高线精加工 →设置参数后确定→单击实体，右键确认直至计算完成，轨迹生成

表2-5-3　等高线粗加工参数设置

选项卡	参数设置	说　明
加工参数		相关参数可结合实际加工需要进行合理设置 参考值：最大行距1mm、层高10mm、加工余量0.15mm

（续）

选项卡	参数设置	说　明
区域参数	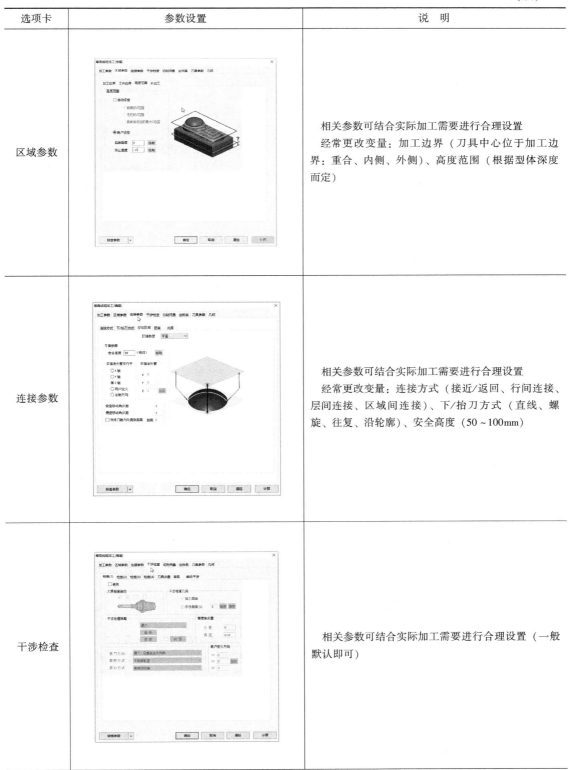	相关参数可结合实际加工需要进行合理设置 经常更改变量：加工边界（刀具中心位于加工边界：重合、内侧、外侧）、高度范围（根据型体深度而定）
连接参数		相关参数可结合实际加工需要进行合理设置 经常更改变量：连接方式（接近/返回、行间连接、层间连接、区域间连接）、下/抬刀方式（直线、螺旋、往复、沿轮廓）、安全高度（50～100mm）
干涉检查		相关参数可结合实际加工需要进行合理设置（一般默认即可）

（续）

选项卡	参数设置	说　明
切削用量	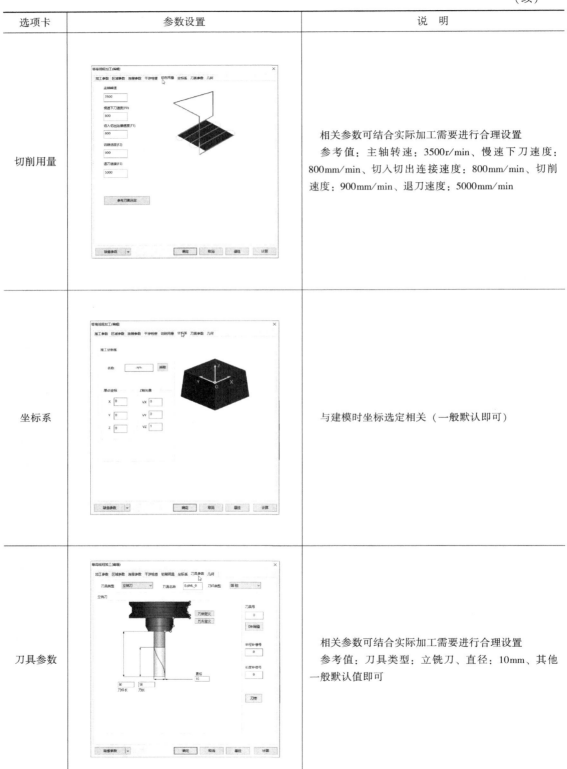	相关参数可结合实际加工需要进行合理设置 参考值：主轴转速：3500r/min、慢速下刀速度：800mm/min、切入切出连接速度：800mm/min、切削速度：900mm/min、退刀速度：5000mm/min
坐标系		与建模时坐标选定相关（一般默认即可）
刀具参数		相关参数可结合实际加工需要进行合理设置 参考值：刀具类型：立铣刀、直径：10mm、其他一般默认值即可

（续）

选项卡	参数设置	说　明
几何	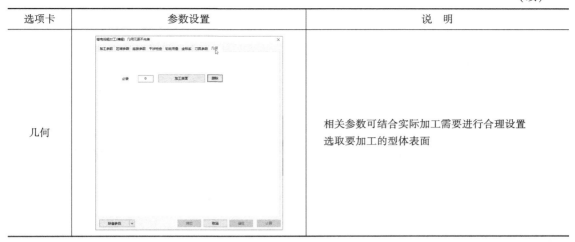	相关参数可结合实际加工需要进行合理设置 选取要加工的型体表面

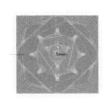
a) 俯视图

b) 主视图

c) 轴测图

图 2-5-10　等高线粗加工轨迹

5. 生成零件的精加工轨迹

利用平面轮廓精加工命令，合理设置各选项卡中的参数（见表 2-5-4），生成零件的精加工轨迹，结果如图 2-5-11 所示，具体步骤如下：

　　～→设置参数后确定→选要加工的轮廓，右键确认，轨迹生成

表 2-5-4　平面轮廓精加工参数设置

选项卡	参数设置	说　明
加工参数	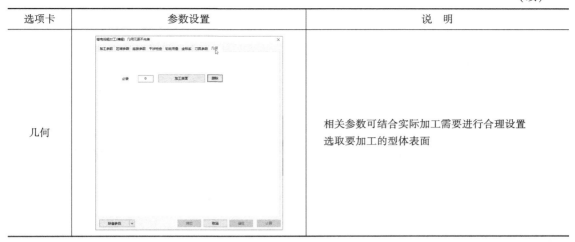	相关参数可结合实际加工需要进行合理设置 参考值：偏移方向左偏、偏移类型 ON、顶层高度 0mm、底层高度 -10mm、每层下降高度 -10mm、加工余量 0.05mm

（续）

选项卡	参数设置	说　明
接近返回	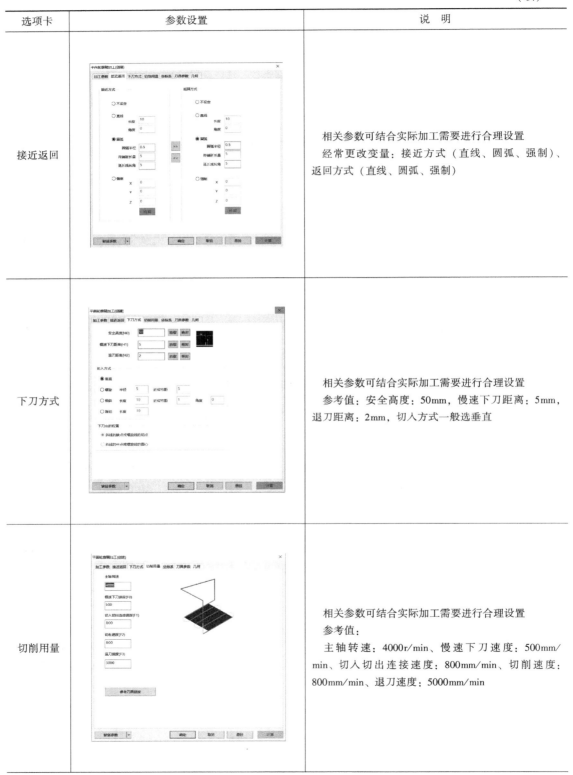	相关参数可结合实际加工需要进行合理设置 经常更改变量：接近方式（直线、圆弧、强制）、返回方式（直线、圆弧、强制）
下刀方式		相关参数可结合实际加工需要进行合理设置 参考值：安全高度：50mm，慢速下刀距离：5mm，退刀距离：2mm，切入方式一般选垂直
切削用量		相关参数可结合实际加工需要进行合理设置 参考值： 主轴转速：4000r/min、慢速下刀速度：500mm/min、切入切出连接速度：800mm/min、切削速度：800mm/min、退刀速度：5000mm/min

（续）

选项卡	参数设置	说　　明
坐标系	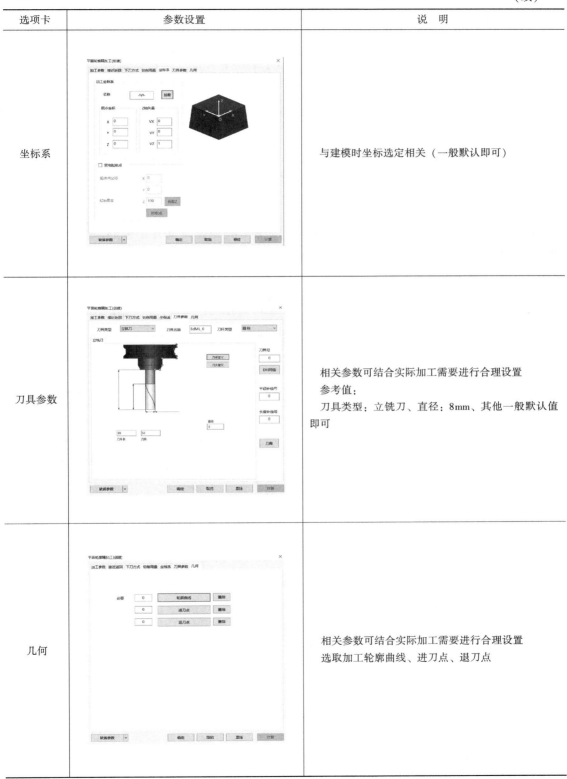	与建模时坐标选定相关（一般默认即可）
刀具参数		相关参数可结合实际加工需要进行合理设置 参考值： 刀具类型：立铣刀、直径：8mm、其他一般默认值即可
几何		相关参数可结合实际加工需要进行合理设置 选取加工轮廓曲线、进刀点、退刀点

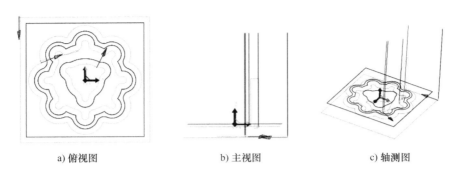

a) 俯视图   b) 主视图   c) 轴测图

图 2-5-11 平面轮廓精加工轨迹

6. 平面区域粗加工

利用平面区域粗加工命令，合理设置各选项卡中的参数（见表 2-5-5），生成零件的平面区域粗加工轨迹，如图 2-5-12 所示。具体步骤如下：

▣ →设置参数后确定→选要加工的轮廓，右键确认，轨迹生成

表 2-5-5　区域粗加工参数设置

选项卡	参数设置	说　明
加工参数		相关参数可结合实际加工需要进行合理设置 经常更改变量：顶层高度：0mm，底层高度：3mm，每层下降高度：大于底层高度数值，行距：刀具的80% ，走刀方式：平行单向加工
清根参数		相关参数可结合实际加工需要进行合理设置（一般默认，不需要改动）

（续）

选项卡	参数设置	说　明
接近返回		相关参数可结合实际加工需要进行合理设置 　参考值：因为是精加工，多数采用直线进刀，长度大于刀具半径即可
下刀方式		相关参数可结合实际加工需要进行合理设置 　和平面轮廓精加工设置的数值一样
切削用量		相关参数可结合实际加工需要进行合理设置 　参考值：为了使底面和侧面的表面粗糙度一致，切削参数和平面轮廓精加工数值一样

（续）

选项卡	参数设置	说 明
坐标系		与建模时坐标选定相关（一般默认即可）
刀具参数		相关参数可结合实际加工需要进行合理设置 参考值： 刀具类型：立铣刀，直径：8mm、其他一般默认值即可
几何		相关参数可结合实际加工需要进行合理设置 选取加工轮廓曲线，岛屿曲线就是避让的形体

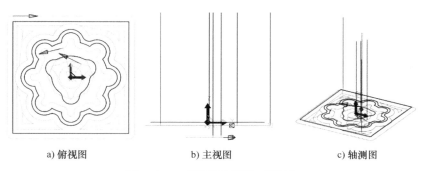

a) 俯视图　　　　　　　　b) 主视图　　　　　　　　c) 轴测图

图 2-5-12　平面区域粗加工轨迹

7. 零件轨迹仿真

实体仿真路径如图 2-5-13 所示，实体仿真界面如图 2-5-14 所示。

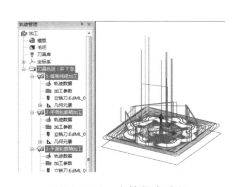

图 2-5-13　实体仿真路径

图 2-5-14　实体仿真界面

三、生成 G 代码

1. 机床类型设置

在"轨迹管理"面板中选中"刀具轨迹"，右键选择"后置处理"中的"设备编辑"（如图 2-5-15 所示），将弹出的"选择后置配置文件"对话框（如图 2-5-16 所示）内容与实际机床情况做对比，如果与实际所用机床一致退出即可，如果不一致则更改并另存后置配置文件（如图 2-5-17 所示）。

2. 程序生成

在"轨迹管理"面板中选中"刀具轨迹"，右键选择"后置处理"中的"生成 G 代码"，在弹出的"生成后置代码"对话框（如图 2-5-18 所示）中选择与实际相符的数控系统，单击"确定"按钮即可自动生成程序（如图 2-5-19 所示）。对于所生成的 G 代码，要结合所学专业知识，将程序头及程序尾进行审读，确定无误就可以上传到设备，进行下一步的实际机床加工了。

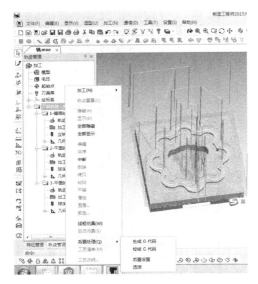

图 2-5-15　设备编辑路径

图 2-5-16　"选择后置配置文件"对话框

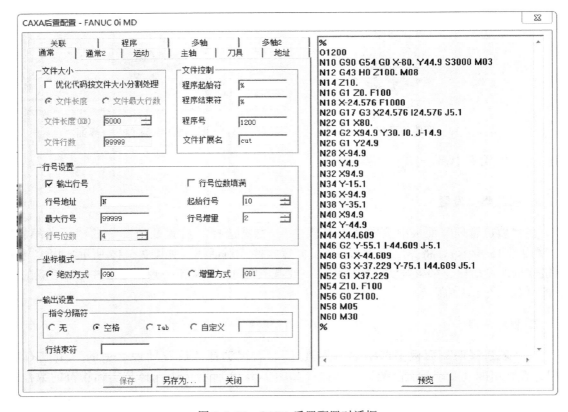

图 2-5-17　CAXA 后置配置对话框

图 2-5-18　生成后置代码对话框

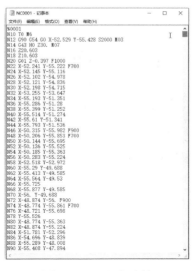

图 2-5-19　程序清单

铣削类零件
综合加工实例

四、零件加工

机床选择大连机床 XD - 40，系统为华中系统，操作方法和步骤同模块一的任务一。

知识拓展：

了解 CAXA 制造工程师软件中的三维偏置加工、参数线加工方式。根据所学内容探究如何完成复杂特征零件的加工轨迹生成，并将此类型特征的零件在机床上加工出来。

模块二任务五

数控加工之魂——工匠精神

3 模块三

车、铣复合零件CAM建模与加工

在学习完车削、铣削内容的基础上，本模块以车、铣复合零件 CAM 编程与加工为例，通过分析零件图样，确定加工内容，安排加工路线，并根据结构，设计装夹方案，分析刀具和切削用量选择等内容，使学生了解车、铣复合零件数控加工工艺编排与车铣加工中心的操作要领。

任务 车、铣复合零件建模与加工实例

任务导引：

在已学习加工回转类零件外圆、槽、内外螺纹、平面轮廓特征的基础上，通过本任务车、铣复合零件综合加工练习，强化回转类零件上各特征知识点的应用，熟练掌握各特征参数设置及加工方法，使学生能够依据下发任务单独立完成车、铣复合零件的自动编程与加工的水平。

车、铣复合零件加工任务单见表 3-1-1。

表 3-1-1 车、铣复合零件加工任务单

学习工作任务书				编号：11	
课程名称	三维建模与加工		建议学时		14
任务名称	车、铣复合零件建模与加工实例		工作日期		
班　级		姓名		学号	组别
一、任务描述			二、工作目的		
根据给出的回转类零件图样，合理安排加工工艺路线，完成工艺卡片的填写，应用 CAXA 数控车、CAXA 制造工程师软件进行零件的建模与 G 代码的生成，最后在数控机床上完成零件的实体加工			1）能够正确解读零件图 2）能够根据零件图分析出正确加工工艺路线 3）能够根据零件图分析出正确装夹方案 4）熟练掌握车、铣复合零件各种特征的建模方法 5）熟练掌握车、铣复合零件各种特征的加工参数设置 6）熟练掌握数控车、铣中心的操作要领			

（续）

学习工作任务书	编号：11

三、学习任务

1）图样分析：通过阅读图样分析出零件具备的几何特征

① 外圆特征	② 内孔特征
③ 槽特征	④ 倒角特征
⑤ 内六方	⑥ 孔特征

2）工艺分析：依照图样，通过分析拟定加工工艺路线

① 车左端面、车左侧外圆毛坯 $\phi96mm$，长度 30mm	② 以 $\phi96mm$ 外圆为基准，粗、精车削外圆 $\phi30mm$、$\phi62mm$、$\phi66mm$ 长度到 48mm
③ 切削外圆两处5mm、9mm 宽槽	④ 粗、精车削内孔 $\phi20mm$
⑤ 钻削端面 $\phi6mm$ 的 4 个孔	⑥ 孔倒角
⑦ 掉头装夹	⑧ 车削端面，保证长度 78mm
⑨ 粗、精车外圆 $\phi78mm$、$\phi90mm$	⑩ 切削外圆 12mm 宽的阶梯槽
⑪ 粗、精车削内孔 $\phi60mm$、$\phi30mm$	⑫ 铣削内六方到 3～68mm
⑬ 内六方倒角	

3）加工过程中需要用到的刀具

① 外圆车刀	② 切槽刀
③ 锥柄钻头 $\phi18mm$	④ 内孔刀
⑤ 铣刀 $\phi10mm$	⑥ 直柄钻头 $\phi6mm$

4）加工过程中主要参数设置

① 粗、精车内、外轮廓主轴转速＿＿＿	② 粗、精车内、外轮廓切削行距＿＿＿
③ 粗、精车内、外轮廓径向余量＿＿＿、轴向余量＿＿＿	④ 粗、精车内、外轮廓主轴进给＿＿＿
⑤ 切槽步距＿＿＿	⑥ 切槽切削深度＿＿＿
⑦ 钻孔进给速度＿＿＿	⑧ 铣削深度＿＿＿

5）在计算机上完成图样中给定零件的自动编程，生成 G 代码
6）在数控车床上完成零件的实体加工

任务实施：

具体任务实施分为四步骤：图样工艺分析、软件建模及加工参数设置、生成 G 代码、零件加工。

一、图样工艺分析

零件图如图 3-1-1 所示。
零件实体造型图如图 3-1-2 所示。

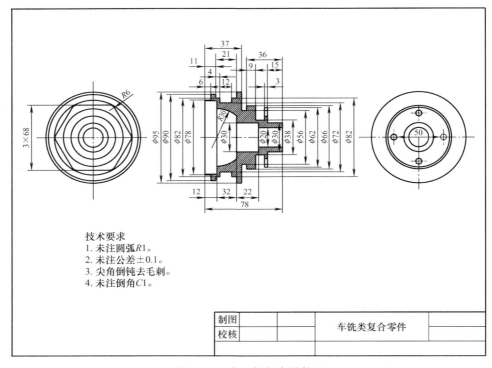

图 3-1-1 车、铣复合零件图

技术要求
1. 未注圆弧 R1。
2. 未注公差 ±0.1。
3. 尖角倒钝去毛刺。
4. 未注倒角 C1。

制图		车铣类复合零件	
校核			

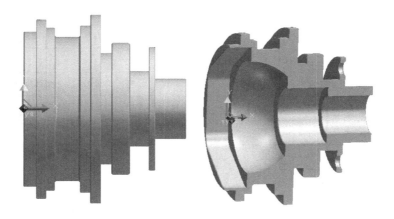

图 3-1-2 零件实体造型图

1. 工艺准备

给定毛坯：$\phi 100\text{mm} \times 85\text{mm}$。

2. 工艺分析

3. 加工前的准备

1）车削基准，在给定的毛坯上加工外圆，车削 $\phi 96\text{mm}$、长度 30mm 的台阶。

2）利用已加工的表面作为装夹基准，安装工件。

3）根据图样要求及零件特征，确认右端面为第一加工端。

4. 加工零件

1）粗加工零件外轮廓，轴向长度为48mm，径向余量留0.5mm。

2）精加工零件外轮廓，轴向长度为48mm，径向余量留0mm。

3）粗精加工两个槽。

4）加工端面4个 ϕ6mm的孔并倒角。

5）粗精加工内孔。

6）掉头加工左端面，保证总长。

7）粗精加工外轮廓。

8）粗精加工槽。

9）粗精加工内孔。

10）粗精加工内六方。

加工工艺卡见表3-1-2。

车、铣复合
零件综合实
例加工工艺过程

表3-1-2　加工工艺卡

工 艺 过 程 卡 片				零件名称	车、铣复合零件	零件编号	11	共1页	第1页
材料牌号	45	毛坯种类	钢	毛坯尺寸	ϕ100mm×85mm	设备名称	数控车、铣中心	设备型号	CKA2050z
工序号	工序名称	工 序 内 容			刀具	加 工 参 数			工时/min
						主轴转速/(r/min)	进给量/(mm/min)	背吃刀量/mm	
1	备料	毛坯：ϕ100mm×85mm 45钢							
2	工艺准备	端面打中心孔，钻ϕ18mm直径通孔			ϕ18mm麻花钻	400	20		2
3	工艺准备	毛坯外圆车削ϕ96mm、长度30mm			外圆粗车刀	1000	200		2
4	车端面	车削右侧端面，总长留余量0.5mm			外圆粗车刀	1000	40	1	2
5	粗车外圆	粗车削外圆ϕ30mm、ϕ62mm、ϕ66mm直径至48mm位置，留余量0.5mm			外圆粗车刀	1000	200	1.8	3
6	精车外圆	精车削外圆ϕ30mm、ϕ62mm、ϕ66mm直径至48mm位置			外圆精车刀	1600	80	0.2	1

（续）

工序号	工序名称	工 序 内 容	刀具	加 工 参 数			工时/min
				主轴转速/(r/min)	进给量/(mm/min)	背吃刀量/mm	
7	切削宽键槽	切削外圆两处 5mm、9mm 宽槽	切槽刀	800	40	3	5
8	粗车内孔	粗车削内孔 ϕ20mm，车削至总长 26mm，留余量 0.5mm	内孔粗车刀	1000	80	2	5
9	精车削内孔	精车削内孔 ϕ20mm，车削至总长 26mm	内孔精车刀	1300	60	0.2	2
10	钻端面孔	钻削端面 ϕ6mm 的 4 个孔	钻头 ϕ6mm	2500	40	3	2
11	端面孔倒角	端面 ϕ6mm 的 4 个孔倒角	倒角刀 ϕ6mm	3000	120	0.3	3
12	掉头装夹	夹持 ϕ62mm 位置，端面与卡盘贴合					5
13	车端面	车削端面至总长 78mm	外圆粗车刀	1000	40	1	2
14	粗车外圆	粗车削外圆 ϕ78mm、ϕ90mm 至 38mm，留余量 0.5mm	外圆粗车刀	1000	200	1.8	2
15	精车外圆	精车削外圆 ϕ78mm、ϕ90mm 至 38mm	外圆精车刀	1500	80	0.2	1
16	切削宽键槽	切削外圆 12mm 宽的阶梯槽	切槽刀	800	40	3	5
17	粗车内孔	粗车削内孔 ϕ60mm、ϕ30mm，车削长度 57mm，余量 0.5mm	内孔粗车刀	1000	80	2	5
18	精车内孔	精车削内孔 ϕ60mm、ϕ30mm，车削长度 57mm	内孔精车刀	1300	60	0.2	2

二、软件建模及加工参数设置

1. 生成零件的二维轮廓、三维实体

（1）车床部分

利用 CAXA 数控车中的绘图工具指令，根据图 3-1-1 所示尺寸生成零件车床部分的二维轮廓。具体步骤如下：

1）创建基准线：利用直线指令在原点向 +X 方向创建一条长为零件最大直径一半（即 95mm/2 = 47.5mm）的直线，如图 3-1-3 所示。

2）利用平行线指令，偏移画好的基准线，如图 3-1-4 所示。

图 3-1-3 创建基准线   图 3-1-4 偏移画好的基准线

3）将偏移好的线依次连接，再利用平行线指令，偏移出各直径尺寸，如图 3-1-5 所示。

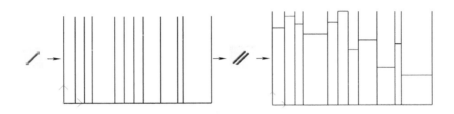

图 3-1-5 连接各线并偏移直径尺寸

4）裁剪多余的线条并倒角。使用裁剪指令裁剪多余的线段，再用过渡指令进行锐边倒角，如图 3-1-6 所示。

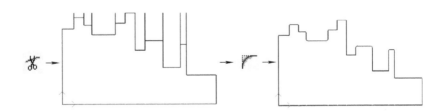

图 3-1-6 裁剪多余线条并倒角

5）使用圆弧指令画出内孔轮廓。利用平行线指令，偏移画好的基准线，使用剪切指令裁剪出内孔轮廓，再用过渡指令进行锐边倒角，如图 3-1-7 所示。

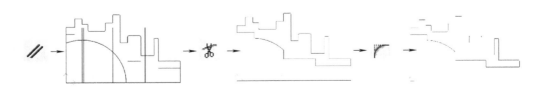

图 3-1-7 画内孔轮廓

（2）铣床部分

利用 CAXA 制造工程师软件里的曲线生成指令、特征生成指令等常用工具指令，根据图 3-1-1 所示尺寸生成零件图的三维实体。具体步骤如下：

1）建立零件的二维轮廓。绘制六边形的二维轮廓：利用曲线工具里的圆指令先绘制出六边形的内接圆，再使用多边形指令绘制六边形（使用多边形指令时要注意在命令栏里设置为中心模式，边数为"6"，外切连接，设置完后单击坐标系中心绘制六边形），最后使用曲线裁剪指令修剪六边形，如图 3-1-8 所示。

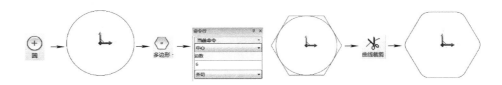

图 3-1-8　绘制六边形

绘制孔的二维轮廓：利用曲线工具里的圆指令先绘制出用于定位孔位置的定位圆，之后绘制出孔的轮廓，再使用常用工具里的阵列指令阵列出其他三个圆，最后使用曲线裁剪指令修剪图形，如图 3-1-9 所示。

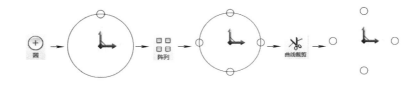

图 3-1-9　绘制孔

2）建立零件的三维实体。利用特征生成指令，根据图 3-1-1 所示尺寸生成图 3-1-2 所示零件的实体造型。具体步骤如下：

① 旋转增料：把车床的线条在草图状态下画出来，利用旋转增料旋转成实体。

首先利用曲线工具里的绘制草图指令创建草图来绘制零件的二维轮廓（绘制零件的二维轮廓用到的指令有直线、圆、等距、曲线裁剪、曲线过渡），之后使用特征工具里的旋转增料指令选择绘制好的零件的二维轮廓，旋转增料生成三维实体（使用旋转增料指令时要注意以下几点：类型为单向旋转，角度为 360°，拾取零件的二维轮廓草图，拾取旋转轴），如图 3-1-10 所示。

② 在建立好的三维实体上创建其他型体，在实体上创建草图，利用圆、多边形、裁剪等曲线工具指令和拉伸增料、拉伸除料等特征工具指令创建六边形内孔实体。

首先需要在已建立好的实体上选取创建型体的实体平面，使用曲线工具里的绘制草图指令创建草图并使用多边形指令来绘制六边形二维轮廓，之后使用特征工具中的拉伸除料指令建立六边形内孔实体，如图 3-1-11 所示。

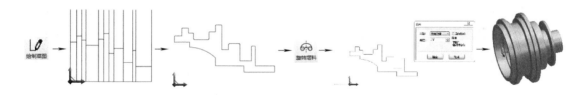

图 3-1-10 绘制草图及生成三维实体

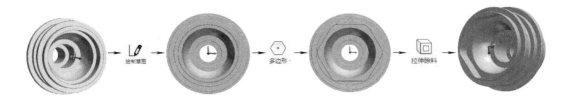

图 3-1-11 建立六边形内孔实体

③ 在实体上创建草图，利用圆、裁剪等曲线工具指令，阵列等常用工具指令和拉伸增料、拉伸除料等特征工具指令创建孔实体。

首先需要在已建立好的实体上选取创建型体的实体平面，使用曲线工具里的绘制草图指令创建草图并使用圆指令来绘制孔的二维轮廓，之后使用常用工具里的阵列指令复制出其余 3 个孔的二维轮廓，再使用特征工具中的拉伸除料指令建立孔实体，如图 3-1-12 所示。

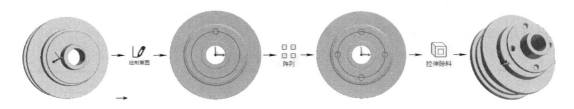

图 3-1-12 建立孔实体

建模完成，如图 3-1-13 所示。

图 3-1-13 三维实体零件

| 车、铣复合零件三维建模视频01 | 车、铣复合零件三维建模视频02 | 车、铣复合零件三维建模视频03 | 车、铣复合零件三维建模视频04 |

3）建立毛坯。打开"轨迹管理"面板→双击管理树中的"毛坯"→选中"参照模型"项→单击"参照模型"按钮→单击"确定"按钮，即可生成毛坯，如图3-1-14所示。

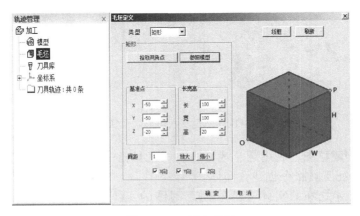

图3-1-14　建立毛坯

2. 车床轨迹

1）生成零件的粗加工轨迹。利用外圆粗车命令，合理设置各选项卡中的参数（见表3-1-3），生成零件的粗车轨迹，结果如图3-1-15所示。

表3-1-3　粗车参数表设置

选项卡	参数设置	说　　明
加工精度	粗车参数表	相关参数可结合实际加工需要进行合理设置 1）切削行距设为2mm 2）加工精度设为0.02mm 3）径向余量、轴向余量均设为0.1mm 4）主、副偏角干涉角度：主偏角干涉角度设为2°、副偏角干涉角度设为52° 5）加工方式设为行切方式

（续）

选项卡	参数设置	说　明
进退刀方式	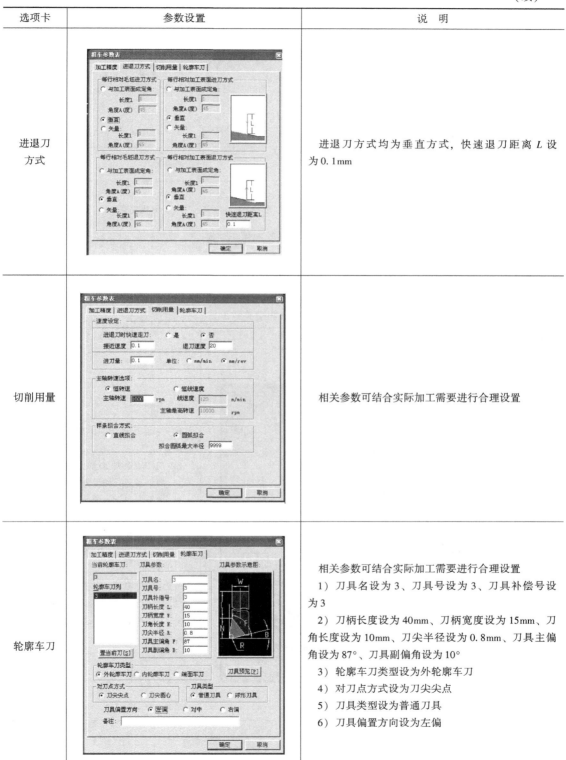	进退刀方式均为垂直方式，快速退刀距离 L 设为 0.1mm
切削用量		相关参数可结合实际加工需要进行合理设置
轮廓车刀		相关参数可结合实际加工需要进行合理设置 1）刀具名设为 3、刀具号设为 3、刀具补偿号设为 3 2）刀柄长度设为 40mm、刀柄宽度设为 15mm、刀角长度设为 10mm、刀尖半径设为 0.8mm、刀具主偏角设为 87°、刀具副偏角设为 10° 3）轮廓车刀类型设为外轮廓车刀 4）对刀点方式设为刀尖尖点 5）刀具类型设为普通刀具 6）刀具偏置方向设为左偏

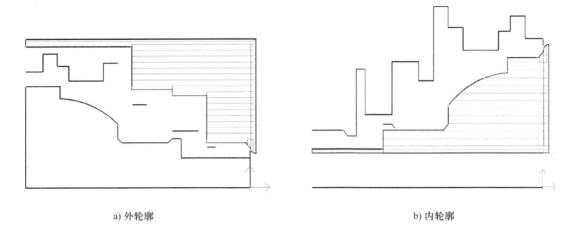

a) 外轮廓   b) 内轮廓

图 3-1-15 内外轮廓粗车轨迹

2）粗车切槽参数设置见表 3-1-4，合理设置各选项卡中的参数，生成零件的粗车切槽加工轨迹，结果如图 3-1-16 所示。

表 3-1-4 粗车切槽参数设置

选项卡	参数设置	说　明
切槽加工参数	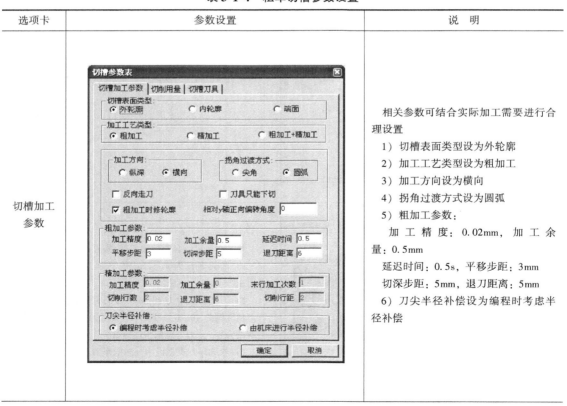	相关参数可结合实际加工需要进行合理设置 1）切槽表面类型设为外轮廓 2）加工工艺类型设为粗加工 3）加工方向设为横向 4）拐角过渡方式设为圆弧 5）粗加工参数： 　加工精度：0.02mm，加工余量：0.5mm 延迟时间：0.5s，平移步距：3mm 切深步距：5mm，退刀距离：5mm 6）刀尖半径补偿设为编程时考虑半径补偿

（续）

选项卡	参数设置	说　明
切削用量	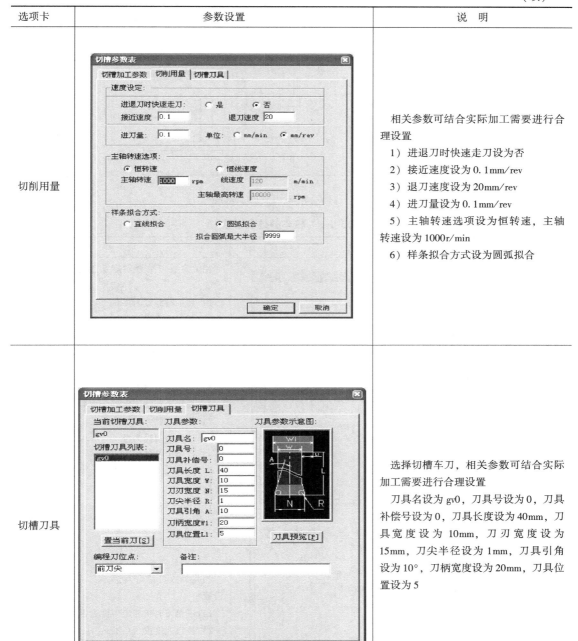	相关参数可结合实际加工需要进行合理设置 1）进退刀时快速走刀设为否 2）接近速度设为 0.1mm/rev 3）退刀速度设为 20mm/rev 4）进刀量设为 0.1mm/rev 5）主轴转速选项设为恒转速，主轴转速设为 1000r/min 6）样条拟合方式设为圆弧拟合
切槽刀具		选择切槽车刀，相关参数可结合实际加工需要进行合理设置 刀具名设为 gv0，刀具号设为 0，刀具补偿号设为 0，刀具长度设为 40mm，刀具宽度设为 10mm，刀刃宽度设为 15mm，刀尖半径设为 1mm，刀具引角设为 10°，刀柄宽度设为 20mm，刀具位置设为 5

　　3）利用外圆精车命令，合理设置各选项卡中的参数，见表 3-1-5，生成零件的精车轨迹，结果如图 3-1-17 所示。

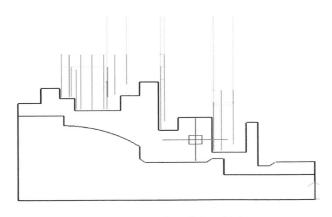

图 3-1-16　粗车切槽加工轨迹

表 3-1-5　精车参数表设置

选项卡	参数设置	说　明
加工参数	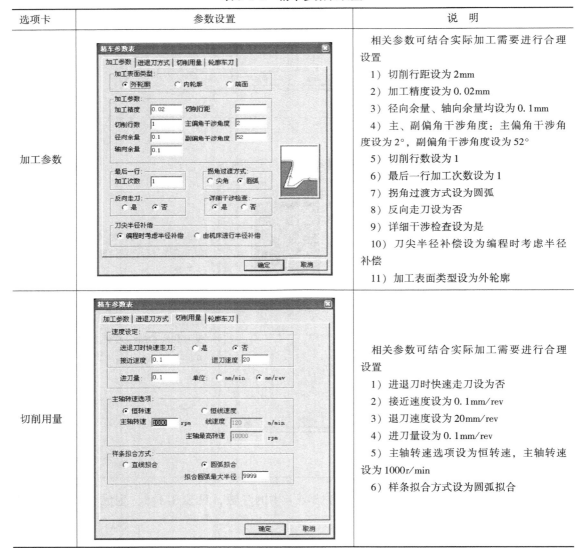	相关参数可结合实际加工需要进行合理设置 1) 切削行距设为 2mm 2) 加工精度设为 0.02mm 3) 径向余量、轴向余量均设为 0.1mm 4) 主、副偏角干涉角度：主偏角干涉角度设为 2°，副偏角干涉角度设为 52° 5) 切削行数设为 1 6) 最后一行加工次数设为 1 7) 拐角过渡方式设为圆弧 8) 反向走刀设为否 9) 详细干涉检查设为是 10) 刀尖半径补偿设为编程时考虑半径补偿 11) 加工表面类型设为外轮廓
切削用量		相关参数可结合实际加工需要进行合理设置 1) 进退刀时快速走刀设为否 2) 接近速度设为 0.1mm/rev 3) 退刀速度设为 20mm/rev 4) 进刀量设为 0.1mm/rev 5) 主轴转速选项设为恒转速，主轴转速设为 1000r/min 6) 样条拟合方式设为圆弧拟合

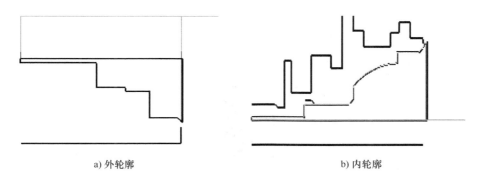

a) 外轮廓　　　　　　　　　　　　　　b) 内轮廓

图 3-1-17　内外轮廓精车轨迹

4）利用切槽精车命令，合理设置各选项卡中的参数（见表 3-1-6），生成零件的精车切槽加工轨迹，结果如图 3-1-18 所示。

表 3-1-6　精车切槽参数设置

选项卡	参数设置	说　明
切槽加工参数		相关参数可结合实际加工需要进行合理设置 1）切槽表面类型设为外轮廓 2）加工工艺类型设为精加工 3）加工方向设为横向 4）拐角过渡方式设为圆弧 5）精加工参数： 加工精度：0.02mm，加工余量：0mm 末行加工次数：1，切削行数：2 退刀距离：6mm，切削行距：2mm 6）刀尖半径补偿设为编程时考虑半径补偿
切削用量		相关参数可结合实际加工需要进行合理设置 经常更改变量： 进退刀时快速走刀设为否 接近速度设为 0.1mm/rev 退刀速度设为 20mm/rev 进刀量设为 0.1mm/rev 主轴转速选项设为恒转速，主轴转速设为 1000r/min 样条拟合方式设为圆弧拟合

（续）

选项卡	参数设置	说　明
切槽刀具	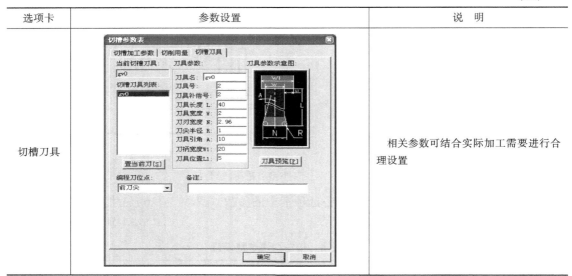	相关参数可结合实际加工需要进行合理设置

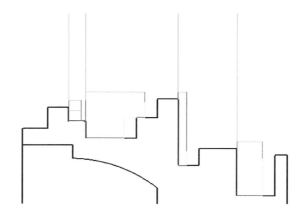

图 3-1-18　精车切槽加工轨迹

5）车床轨迹仿真。使用轨迹仿真指令模拟仿真，如图 3-1-19 所示。

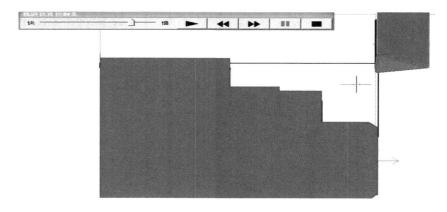

图 3-1-19　车床轨迹仿真

3. 铣床轨迹

1）生成零件的粗加工轨迹。利用等高线粗加工命令，合理设置各选项卡中的参数（见表3-1-7），生成零件的粗加工轨迹，结果如图3-1-20所示。步骤如下：

等高线精加工 →设置参数后确定→单击实体，右键确认直至计算完成，轨迹生成

表3-1-7　粗车参数表

选项卡	参数设置	说　明
加工参数		相关参数可结合实际加工需要进行合理设置 参考值：最大行距5mm、残留高度0mm、层高1mm、加工余量0.5mm
区域参数		相关参数可结合实际加工需要进行合理设置 经常更改变量：加工边界：刀具中心位于加工边界的边界上、内侧、外侧；高度范围：用户设定的起始高度为0mm，终止高度为−26mm

（续）

选项卡	参数设置	说　明
连接参数	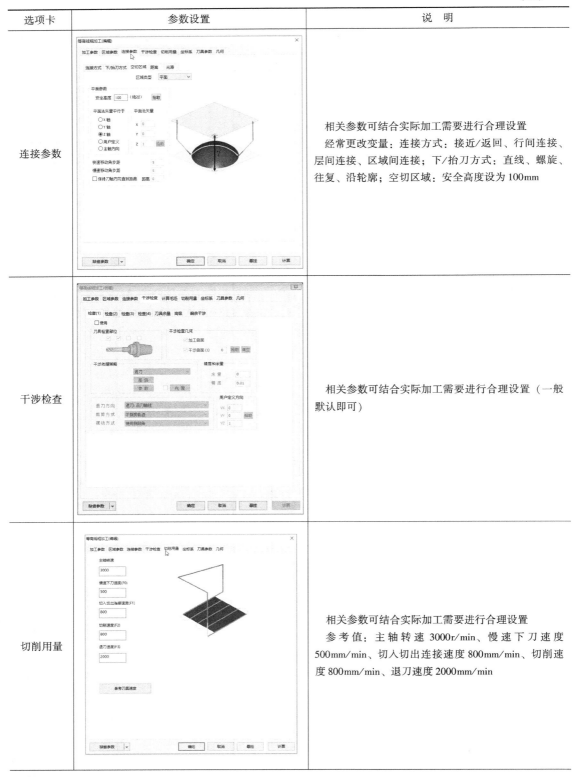	相关参数可结合实际加工需要进行合理设置 经常更改变量：连接方式：接近/返回、行间连接、层间连接、区域间连接；下/抬刀方式：直线、螺旋、往复、沿轮廓；空切区域：安全高度设为100mm
干涉检查		相关参数可结合实际加工需要进行合理设置（一般默认即可）
切削用量		相关参数可结合实际加工需要进行合理设置 参考值：主轴转速3000r/min、慢速下刀速度500mm/min、切入切出连接速度800mm/min、切削速度800mm/min、退刀速度2000mm/min

（续）

选项卡	参数设置	说　明
坐标系	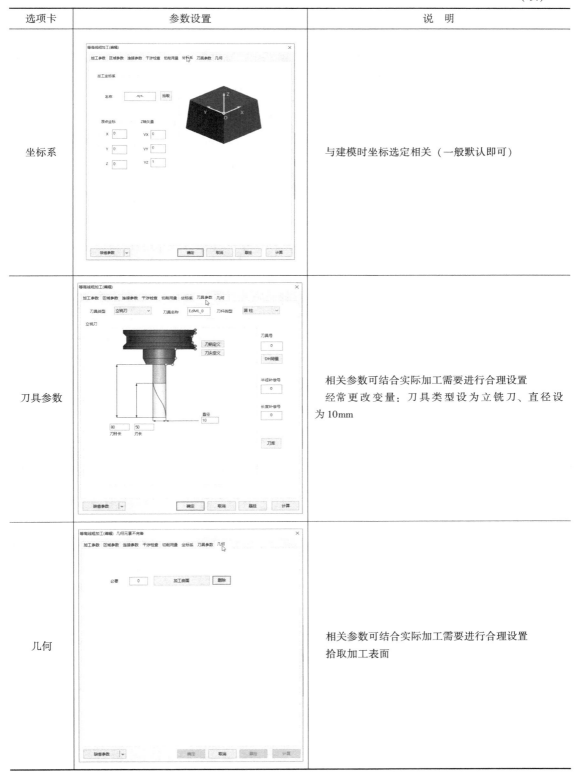	与建模时坐标选定相关（一般默认即可）
刀具参数		相关参数可结合实际加工需要进行合理设置 经常更改变量：刀具类型设为立铣刀、直径设为10mm
几何		相关参数可结合实际加工需要进行合理设置 拾取加工表面

图 3-1-20 等高线粗加工轨迹

2）利用 G01 钻孔加工命令，合理设置各选项卡中的参数（见表 3-1-8），生成零件的粗加工轨迹，结果如图 3-1-21 所示，步骤如下：

$\underset{\text{孔加工}}{\overset{\text{G01}}{\square}}$ →设置参数后确定→选择要加工的点，右键确认，轨迹生成

表 3-1-8 孔加工参数表

选项卡	参数设置	说　明
加工参数	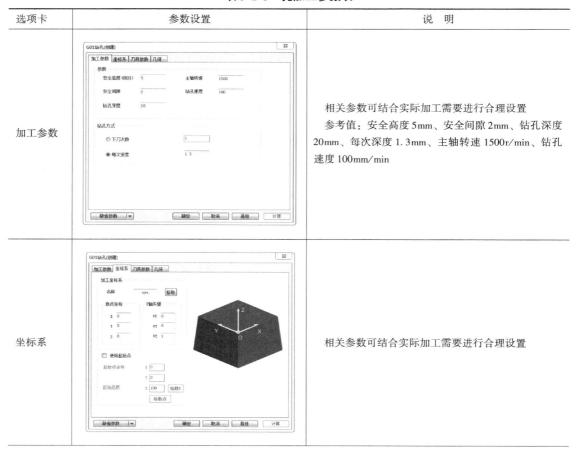	相关参数可结合实际加工需要进行合理设置 参考值：安全高度 5mm、安全间隙 2mm、钻孔深度20mm、每次深度 1.3mm、主轴转速 1500r/min、钻孔速度 100mm/min
坐标系		相关参数可结合实际加工需要进行合理设置

（续）

选项卡	参数设置	说　明
刀具参数	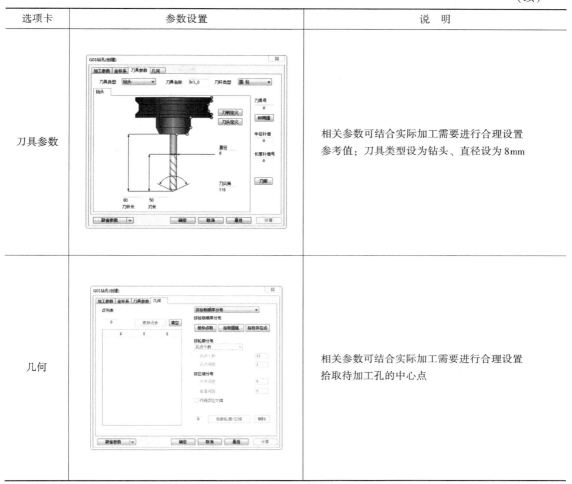	相关参数可结合实际加工需要进行合理设置 参考值：刀具类型设为钻头、直径设为 8mm
几何		相关参数可结合实际加工需要进行合理设置 拾取待加工孔的中心点

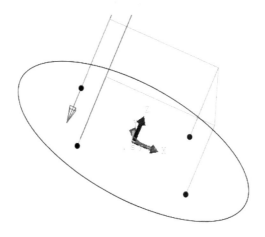

图 3-1-21　G01 孔加工轨迹

3）铣床轨迹仿真，如图 3-1-22 所示。

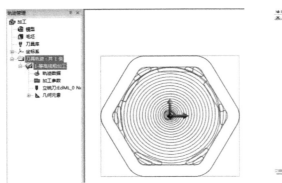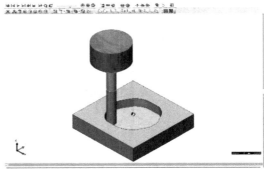

图 3-1-22　实体仿真

三、生成 G 代码

1. 车床代码生成

（1）机床类型设置

选择"数控车"→"机床设置"，对弹出的机床类型设置对话框（如图 3-1-23 所示）内容与实际机床情况做对比，如果与实际所用机床一致则退出即可，如果不一致则更改并另存后置配置文件。

图 3-1-23　机床类型设置

（2）程序生成

选择"菜单栏→数控车→代码生成"，在弹出的生成后置代码对话框（如图3-1-24所示）中选择与实际相符的数控系统，单击"确定"按钮即可自动生成程序（如图3-1-25所示）。对于所生成的G代码，要结合所学专业知识，将程序头及程序尾进行审读，确定无误就可以上传到设备，进行下一步的实际机床加工了。

图3-1-24　"生成后置代码"对话框

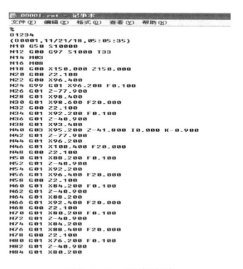

图3-1-25　程序清单

2. 铣床代码生成

（1）机床配置文件

在轨迹管理面板中选中"刀具轨迹"，右键选择"后置处理"→"设备编辑"（如图3-1-26所示），对弹出的"选择后置配置文件"对话框（如图3-1-27所示）内容与实际机床情况做对比，如果与实际所用机床一致则退出即可，如果不一致则更改并另存后置配置文件。

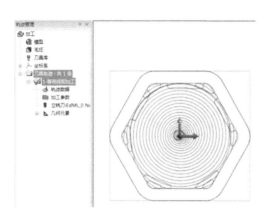

图3-1-26　设备编辑路径

图3-1-27　选择后置配置文件对话框

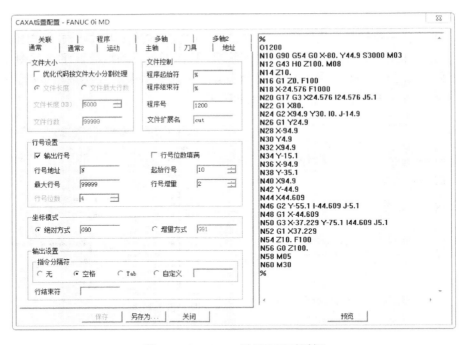

图 3-1-28　CAXA 后置配置对话框

（2）程序生成

在轨迹管理面板中选中"刀具轨迹→右键选择后置处理→生成 G 代码"，在弹出的生成后置代码对话框（如图 3-1-29 所示）中选择与实际相符的数控系统，单击"确定"按钮即可自动生成程序（如图 3-1-30 所示）。对于所生成的 G 代码，要结合所学专业知识，将程序头及程序尾进行审读，确定无误就可以上传到设备，进行下一步的实际机床加工了。

图 3-1-29　生成后置代码对话框

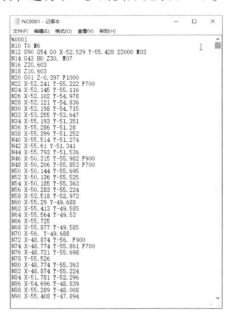

图 3-1-30　程序清单

四、零件加工

1) 机床的选择：选择沈阳 KDCK-20A，系统为华中系统。
2) 刀具、量具的准备：按照工艺要求准备相应的刀具及量具。
3) 文件传输：选择合适方法对生成的 G 代码进行传输。
4) 建立工件坐标系。
5) 程序校验。
6) 利用已上传的程序加工。

知识拓展：

通过 CAXA 制造工程师软件绘制复杂的车铣类零件，学习投影式加工方式、曲线式铣槽加工等加工方式。根据所学内容研究如何使用其他加工方法生成零件的加工轨迹，并对生成轨迹模进行模拟、分析、判断。

模块三任务一

数控加工之光——技能成才

参 考 文 献

［1］陈子银. CAXA 制造工程师技术与应用［M］. 北京：机械工业出版社，2018.

［2］葛学滨，刘慧. CAXA 电子图板 2016 基础与实例教程［M］. 北京：机械工业出版社，2016.

［3］刘玉春. CAXA 数控车 2015 项目案例教程［M］. 北京：化学工业出版社，2018.

［4］汤爱君. CAXA 实体设计 2016 基础与实例教程［M］. 北京：机械工业出版社，2017.